"十三五"职业教育国家规划教材

模具制造工艺实训

（第三版） MUJU ZHIZAO GONGYI SHIXUN

主 编 秦 涵

新形态
教材

中国教育出版传媒集团

高等教育出版社·北京

内容简介

本书是"十三五"职业教育国家规划教材,根据教育部最新发布的《高等职业学校专业教学标准》中对本课程的要求,并参照相关国家标准和职业技能等级考核标准修订而成。

本书共包括五个实训项目,分别是冲裁模零件的机械加工工艺、塑料模零件的机械加工工艺、热锻模零件的机械加工工艺、铝合金挤压模零件的机械加工工艺和模具装配工艺。

本书可作为高等职业技术院校模具设计与制造、材料成形、数控、机械制造等相关专业的教材,亦可供有关工程技术人员参考。

图书在版编目(CIP)数据

模具制造工艺实训 / 秦涵主编. —3 版. —北京:
高等教育出版社,2022.9
ISBN 978-7-04-059328-0

Ⅰ.①模… Ⅱ.①秦… Ⅲ.①模具-制造-生产工艺
-高等职业教育-教材 Ⅳ.①TG760.6

中国版本图书馆 CIP 数据核字(2022)第 160080 号

策划编辑 张尕琳　责任编辑 张尕琳　班天允　封面设计 张文豪　责任印制 高忠富

出版发行	高等教育出版社	网　址	http://www.hep.edu.cn
社　址	北京市西城区德外大街 4 号		http://www.hep.com.cn
邮政编码	100120	网上订购	http://www.hepmall.com.cn
印　刷	上海当纳利印刷有限公司		http://www.hepmall.com
开　本	787mm×1092mm　1/16		http://www.hepmall.cn
印　张	7.25	版　次	2016 年 2 月第 1 版
字　数	154 千字		2022 年 9 月第 3 版
购书热线	010-58581118	印　次	2022 年 9 月第 1 次印刷
咨询电话	400-810-0598	定　价	20.00 元

配套学习资源及教学服务指南

二维码链接资源

本教材配套视频等学习资源，在书中以二维码链接形式呈现。手机扫描书中的二维码进行查看，随时随地获取学习内容，享受学习新体验。

打开书中附有二维码的页面　　　　**扫描二维码**　　　　**查看相应资源**

教师教学资源索取

本教材配有课程相关的教学资源，例如，教学课件、习题及参考答案、应用案例等。选用教材的教师，可扫描下方二维码，关注微信公众号"高职智能制造教学研究"；或联系教学服务人员（021-56961310/56718921，800078148@b.qq.com）索取相关资源。

前　　言

　　本书是"十三五"职业教育国家规划教材,根据教育部最新发布的《高等职业学校专业教学标准》中对本课程的要求,并参照相关国家标准和职业技能等级考核标准修订而成。

　　本书贯彻高等职业教育"基于工作过程"的课程开发思想,以岗位能力培养为主线,从模具制造的生产实际出发,设计了五个实训项目,分别是冲裁模零件的机械加工工艺、塑料模零件的机械加工工艺、热锻模零件的机械加工工艺、铝合金挤压模零件的机械加工工艺和模具装配工艺。

　　本书的特点是:

　　1. 依据最新教学标准,融入国家职业技能标准和行业、企业职业工种鉴定规范,吸收教学改革和专业建设的成果,更新教材内容和结构。

　　2. 实现"教、学、做"一体化的教学模式,以各类常用模具的典型加工工艺为范例,以实践技能的提高为主要任务,引导学生主动学习,提高教学的针对性和实效性。

　　3. 内容实现了综合化、模块化,难度逐步递进,有利于不同层次人才培养的衔接。

　　4. 加强教学资源建设。本书配套PPT教学课件、习题参考答案等资源。

　　本书由北京电子科技职业学院秦涵主编,统稿全书并编写项目二,河北科技工程职业技术大学王丽敏(编写项目一)、四川职业技术学院周淑容(编写项目三和项目四)、北京电子科技职业学院姜辉(编写项目五)参加编写。

　　由于编者水平有限,书中不妥之处在所难免,恳请读者批评指正。

编　　者

2022 年 7 月

目　　录

项目一
冲裁模零件的机械加工工艺

任务一　编制凹模的加工工艺

 实训技能目标

（1）通过制作凹模工作零件，掌握凹模常用的加工方法和制造工艺，熟悉制造工艺过程及测量、加工技术。

（2）掌握各类机床、辅助工装的使用方法和使用性能。

（3）熟知安全文明生产要求（确保产品的加工质量和正常的生产秩序）。

 实训要求

（1）辅助工具　90°角尺、直尺、装夹工具等。

（2）工件备料　按图样尺寸要求选用锻造坯料。材料：T10A（可用其他材料代替）。坯料尺寸为 86 mm×126 mm×22 mm。

（3）技术要求　硬度：60～64 HRC。表面粗糙度：刃口处表面粗糙度 Ra 为 0.8 μm，顶面、底面和基准侧面表面粗糙度 Ra 为 1.6 μm，定位销孔表面粗糙度 Ra 为 3.2 μm，其余 Ra 为 6.3 μm。凸模与凹模的配合间隙 $Z = 0.03$ mm。

 典型零件的加工工艺分析

凹模以内表面作为工作型面，内表面为通孔时称为型孔，内表面为不通孔时称为型腔。凹模与凸模一样，根据工作型面形状的不同也可分为圆形凹模和非圆形凹模。图 1-1 所示为落料凹模结构图。

1. 凹模的工艺性分析

加工后的凹模的尺寸和精度必须达到设计要求（刃口一般为 IT6～IT5），其间隙要均匀、合理；刃口部分要保持尖锐锋利，刃口侧壁应平直或稍有利于卸料的斜度；刃口侧壁转角处为尖角时（刃口部位除外），若图样上没有注明，加工时允许按 $R0.3$ mm 制造。

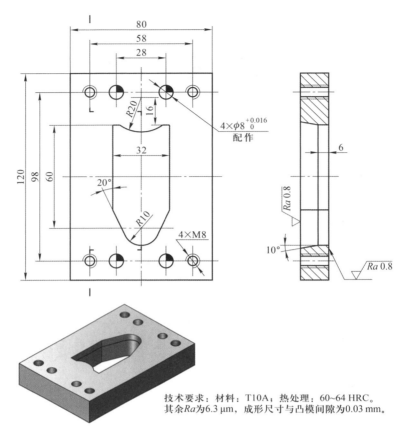

技术要求：材料：T10A；热处理：60~64 HRC。
其余Ra为6.3 μm，成形尺寸与凸模间隙为0.03 mm。

图1-1　落料凹模

2. 加工方法及工艺方案比较

凹模加工工艺方案的加工特点和适用范围见表1-1。

表1-1　凹模加工工艺方案

加工方案		加 工 特 点	适 用 范 围
分别加工	方案一	按图样加工凹模至尺寸和精度要求,冲裁间隙由凸、凹模的实际刃口尺寸之差来保证	(1)刃口形状较简单,刃口直径大于5 mm的圆形凹模; (2)要求凹模具有互换性; (3)加工手段较先进,分别加工能保证加工精度; (4)成批生产
配作加工	方案二	以凹模为基准,先加工好凹模,然后按照凹模的实际刃口尺寸配作凸模,并保证凸、凹模之间规定的间隙	(1)刃口形状较复杂,冲裁间隙比较小; (2)冲孔时采用方案二,落料时采用方案三; (3)复合模冲裁时,可先分别加工好冲孔凸模和落料凹模,再配作加工凸、凹模,并保证规定的冲裁间隙
	方案三	以凸模为基准,先加工好凸模,然后按照凸模的实际刃口尺寸配作凹模,并保证凸、凹模之间规定的间隙	

　　凹模的加工方法一般采用电火花线切割加工型孔,喇叭形凹模洞口也可采用电火花小孔高速加工或锥度线切割,但是目前很少使用。大间隙冲裁凹模也可采用先车、铣,后磨削的方法;大型或特殊凹模,则常采用分开加工后再用镶拼的办法制作。

　　工作型面为圆形的凹模一般采用的机械加工工艺路线是:备料—铣六面(铣床)—平磨六面(平面磨床)—划线—车或铣工作型面(车床或铣床)—热处理(根据需要选用)—平磨基准面(平面磨床)—磨工作型面(内圆磨床)—精研(抛光)。

　　工作型面为非圆形的凹模一般采用的机械加工工艺路线是:备料—铣六面(铣床)—平磨六面(平面磨床)—划工作型面轮廓线(钳工或采用刻线机划线)—铣工作型面(立式铣床或仿形铣床)—热处理(根据需要选用)—平磨基准面(平面磨床)—磨工作型面(坐标磨床)—精研(抛光)。

　　凹模工作型面主要采用立式铣床加工和仿形铣床加工,也可采用坐标磨床按照准确的坐标位置对工件进行磨削加工,对于形状较复杂、尺寸精度和硬度要求高的凹模,采用坐标磨床进行精加工是一种较理想的加工方法。

3. 工艺过程的制订

　　凹模加工工艺过程见表 1-2。

表 1-2　凹模加工工艺过程

工序号	工序名称	工 序 内 容	设 备	工 序 简 图
1	备料	用型钢棒料,在锯床或车床上切断,并将棒料锻成矩形之后进行球化退火处理,以消除锻造产生的内应力,改善组织及加工性能	锯床或车床	
2	粗加工毛坯	刨削或铣削毛坯的六个面,加工至尺寸 120.4 mm×80.4 mm×17.5 mm,留粗磨余量 0.4 mm	刨床或铣床	
3	磨平面	磨上、下两平面和相邻两侧面,作为加工时的基准面。单面留精磨余量 0.2～0.3 mm,保证各面相互垂直(用 90°角尺检查)	平面磨床	
4	钳工划线	以磨过相互垂直的两侧面为基准,划凹模中心线及 4×φ8 mm 销孔和螺纹底孔中心线,并按照事先加工好的凹模样板划型孔轮廓线	划线工具及量具、立式铣床	

工序号	工序名称	工 序 内 容	设 备	工 序 简 图
5	粗加工型孔	沿型孔轮廓线钻孔,除去中间废料,然后在立式铣床上按划线加工型孔,留锉修单面余量0.3~0.5 mm		
6	精加工型孔	钳工锉修型孔,并随时用凹模样板校验。合格后,锉出型孔斜度		
7	加工螺钉孔和销孔	加工 4×φ8 mm 销孔和 4×M8 螺钉孔	立式钻床	
8	热处理	淬火、低温回火,保证 60~64 HRC		
9	磨削	精磨上、下两端面,达到制造要求	平面磨床	
10	精修型孔	钳工研磨型孔,达到规定的技术要求		

4. 机械加工工艺过程卡片的制订

凹模加工工艺过程卡片见表 1-3。

表 1-3 凹模加工工艺过程卡片

工 艺 过 程 卡							
零件名称	落料凹模	模具编号			零件编号		
零件材料	T10A	毛坯尺寸	126 mm×86 mm×22 mm		件数		1
工序号	工序名称	工 序 内 容	定额工时	实做工时	制造人	检验	等级
1	备料	用型钢棒料,在锯床或车床上切断,并将棒料锻成矩形之后进行球化退火处理,以消除锻造产生的内应力,改善组织及加工性能					
2	粗加工毛坯	刨削或铣削毛坯的六个面,加工至尺寸 120.4 mm×80.4 mm×17.5 mm,留粗磨余量 0.4 mm					

续　表

工序号	工序名称	工 序 内 容	定额工时	实做工时	制造人	检验	等级
3	磨平面	磨上、下两平面和相邻两侧面,作为加工时的基准面。单面留精磨余量0.2~0.3 mm,保证各面相互垂直(用90°角尺检查)					
4	钳工划线	以磨过相互垂直的两侧面为基准,划凹模中心线及4×φ8 mm销孔、4×φ8.5 mm过孔中心线,并按照事先加工好的凹模样板划型孔轮廓线					
5	粗加工型孔	沿型孔轮廓线钻孔,除去中间废料,然后在立式铣床上按划线加工型孔,留锉修单面余量0.3~0.5 mm					
6	精加工型孔	钳工锉修型孔,并随时用凹模样板校验。合格后,锉出型孔斜度					
7	加工螺钉过孔和销孔	加工4×φ8 mm销孔和4×φ8.5 mm螺钉过孔					
8	热处理	淬火、低温回火,保证60~64 HRC					
9	磨削	精磨上、下两端面,达到制造要求					
10	精修型孔	钳工研磨型孔,达到规定的技术要求					
工艺员		时间	年　月　日		零件质量等级		

 职业素养提升

博　士

有一个博士,毕业后分配到一家研究所工作,他是那里学历最高的人。

一天,他到单位后面的小池塘去钓鱼,正好正副所长在他的一左一右,也在钓鱼。他只是微微点了点头,心想:这两个本科生,有啥好聊的?

不一会儿,正所长放下钓竿,伸伸懒腰,噌噌噌从水面上如飞地走到对面上厕所。博士眼睛睁得都快掉下来了,水上漂?不会吧?这可是一个池塘啊。正所长上完厕所回来的时候,同样也是噌噌噌地从水上漂回来了。"怎么回事?"博士生又不好去问,自己是博士生呐!

过了一阵,副所长也站起来,走几步,噌噌噌地漂过水面上厕所去了。这下子博士更是差点晕倒:"不会吧,到了一个江湖高手集中的地方了?"

博士生也内急了,这个池塘两边有围墙,要到对面厕所得绕十分钟路,而回单位又太远,怎么办?博士生也不愿意去问两位所长,憋了半天后,也起身往水里跨:我就不信本科生能过的水面,我博士生不能过!

只听"咚!"的一声,博士生栽到了水里。

两位所长将他拉了出来,问他为什么要下水。他问:"为什么你们可以走过去?"两所长相视一笑:"这池塘里有两排木桩子,由于这两天下雨涨水正好在水下面。我们都知道这木桩的位置,所以可以踩着桩子过去。你怎么也不问一声呢?"

后记:学历代表过去,只有学习能力才能代表将来。尊重有经验的人,你才能少走弯路!

◉ 做一做、议一议:

在精加工冲裁凸凹模时,一般有哪三种不同的加工方案?各有什么优缺点?分别在哪些情况下采用?

实训报告

1. 实训题目

加工图 1-2 所示的凹模。

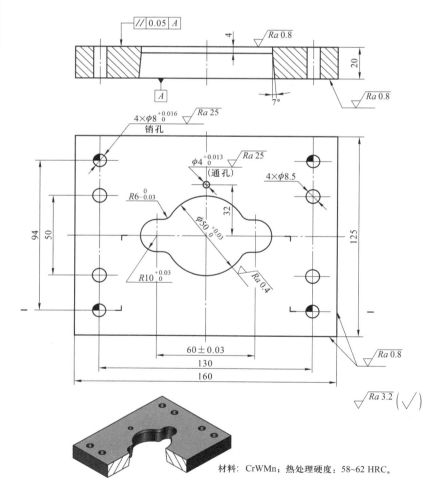

材料:CrWMn;热处理硬度:58~62 HRC。

图 1-2 凹模

2. 实训报告格式

(1) 封面。

(2) 实训目标、要求。

(3) 零件的工艺分析。

实训成绩考评

(1) 学生自检评定。

(2) 指导教师综合评定。

凹模实训综合评定表见表 1-4。

表 1-4　凹模实训综合评定表

项次	项目与技术要求	配分	评 定 方 法	实测记录	得分
1	准备工作充分	5	检查评定		
2	加工工艺设置合理,方案正确	7	设置不合理每处扣 1 分		
3	机床操作符合要求	6	按操作规程评定		
4	测量方法正确,尺寸控制合理	8	操作不符合要求每处扣 1 分		
5	车、磨平面	8	每错一项扣 1 分,缺一项扣 1.5 分		
6	钳工划线	8	每错一项扣 1 分,缺一项扣 1.5 分		
7	粗加工型孔(或型面)	10	每错一项扣 1.5 分,缺一项扣 2 分		
8	精加工型孔(或型面)	10	每错一项扣 1.5 分,缺一项扣 2 分		
9	钻孔及攻螺纹	8	每错一项扣 1 分,缺一项扣 1.5 分		
10	精磨端面	8	每错一项扣 1 分,缺一项扣 1.5 分		
11	精修、研磨工件并检验	10	每错一项扣 1.5 分,缺一项扣 2 分		
12	时间安排合理	6	每超 1 h 扣 1 分		
13	安全文明生产	6	违者每次扣 2 分		

任务二　编制圆形凸模的加工工艺

实训技能目标

(1) 通过制作圆形凸模工作零件,掌握圆形凸模常用的加工方法和制造工艺,熟悉制造工艺过程及测量、加工技术。

（2）掌握各类机床、辅助工装的使用方法和使用性能。

（3）熟知安全文明生产要求(确保产品的加工质量和正常的生产秩序)。

 实训要求

（1）辅助工具　90°角尺、直尺、装夹工具等。

（2）工件备料　按图样尺寸要求选用锻造坯料。材料为 T10A。坯料尺寸为 $\phi20$ mm×

65 mm。

（3）技术要求　硬度：热处理 58～62 HRC。

 典型零件的加工工艺分析

凸模是以外表面作为工作型面,按外表面截面形状可分为圆形凸模和非圆形凸模两类。图 1-3 所示为圆形凸模结构图,非圆形凸模见任务三。

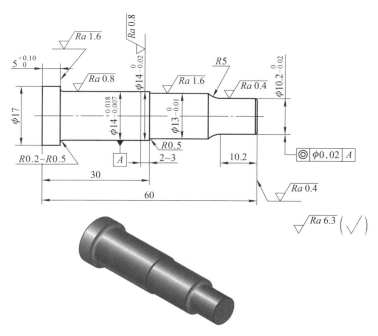

材料：T10A；热处理：58~62 HRC。

图 1-3　圆形凸模

1. 圆形凸模的工艺性分析

圆形凸模加工比较简单,工艺顺序可为：备料—车削坯料—热处理淬硬—外圆精磨—

钳工修整。热处理前毛坯经车削加工,配合表面和工作型面应留适当的磨削余量。热处理后,经磨削后加工即可获得较理想的工作型面及配合表面。

圆形凸模为回转体表面,因此采用普通车削。淬火后经磨削加工达到图样要求。由于其安装部分与工作部分有同轴度要求,加工时,应安排外圆一次车出成形,磨削时也应一次磨出,并同时磨出轴肩,以保证垂直度要求。因此,加工时可选用中心孔作为定位基准。另外,为方便工件在外圆磨床上装夹,在工件左侧表面合适位置钻攻 M5 螺纹孔,并拧入一拨杆以供拨盘带动工件旋转。

2. 加工方法及工艺方案比较

根据凸模的结构形状、尺寸精度、间隙、加工条件及冲裁性质不同,凸模的加工一般有分别加工和配作加工两种方案,其中配作加工方案根据加工基准不同又分为以凹模为基准的配作加工和以凸模为基准的配作加工两种。各种加工工艺方案的加工特点和适用范围见表 1-1。

表 1-1 中的每一种加工方案在进行具体加工时,由于加工设备和凸模结构形状的不同又有许多加工方法。圆形凸模加工比较简单,常用的加工方法为先车削加工毛坯,留适当磨削余量淬火后精磨,最后对工作表面抛光及刃磨。

圆形凸模一般用台肩固定,常用车削、磨削等工艺加工而成。对截面较小的圆形凸模,有时也采用电火花线切割加工成形,再进行尾部退火铆接的装配工艺;而较大截面的圆形凸模有时也采用车削、磨削结合或电火花线切割制作,最后再采用螺钉、销紧固的装配方法。

3. 有关工艺装备的准备

(1) 夹具的选择

车削、磨削时,需用三爪自定心卡盘固定毛坯棒料,棒料尾部用反顶尖顶紧。

(2) 刀具的选择

$R5$ mm 的外圆车刀。

4. 工艺过程的制订

圆形凸模加工工艺过程见表 1-5。

表 1-5 圆形凸模加工工艺过程

工序号	工序名称	工 序 内 容	设备	工 序 简 图
1	备料	将毛坯锻造成 $\phi20$ mm×65 mm 圆棒		
2	热处理	退火		
3	车外圆、钻中心孔	按图样车削各外圆柱面,单边留 0.2 mm 精加工余量,钻出中心孔及 $\phi3$ mm 小孔	车床	
4	热处理	淬火并回火,检查硬度,应达到 58~62 HRC		

工序号	工序名称	工 序 内 容	设备	工 序 简 图
5	磨削	磨外圆、两端面达设计要求	磨床	
6	钳工精修	全面达到设计要求		
7	检验			

加工注意事项:

① 中心孔的类型和尺寸在国家标准中已有规定,可查阅有关手册。由于工件中心已有一个 $\phi3$ mm 圆孔,故中心孔尺寸应适当加大,以免钻孔后破坏中心孔。另外,中心孔在热处理后可能会产生变形或存有氧化皮,故在精加工之前应对中心孔进行研磨,研磨的办法一般是在车床上用金刚石或硬质合金顶针加压进行。

② 要留有合适的精加工余量。余量太多,磨削困难,浪费工时;余量太少,热处理变形后可能加工不出来。一般来讲,应根据工件的材料和几何尺寸选择余量,具体选择时可参考有关资料。

③ 外圆磨削加工一般采用拨盘、卡箍装夹。

5. 机械加工工艺过程卡片的制订

圆形凸模加工工艺过程卡片见表 1-6。

表 1-6　圆形凸模加工工艺过程卡片

工 艺 过 程 卡								
零件名称	圆形凸模	模具编号				零件编号		
零件材料	T10A	毛坯尺寸	$\phi20$ mm×65 mm			件数		1
工序号	工序名称	工 序 内 容	定额工时	实做工时	制造人	检验		等级
1	备料	将毛坯锻造成 $\phi20$ mm×65 mm 圆棒						
2	热处理	退火						
3	车外圆、钻中心孔	按图样车外圆,单边留 0.2 mm 精加工余量,钻出中心孔及 $\phi3$ mm 小孔						
4	热处理	淬火并回火,检查硬度,应达到 58～62 HRC						
5	磨削	磨外圆、两端面达设计要求						
6	钳工精修	全面达到设计要求						
7	检验							
工艺员		时间	年　　月　　日		零件质量等级			

职业素养提升

解决问题的思路

圆珠笔被发明出来之后,漏油问题严重影响其推广。当时,笔尖处的圆珠在使用过程中会逐渐出现磨损,导致圆珠与套管的间隙起来越大。

起初,人们把改进工艺的重点放在使圆珠变得更耐磨上,但发现套管的磨损却加快了。日本人田藤三郎研究发现,圆珠笔大概在书写两万字之后才会出现漏油现象。他想,如果此时早已无油可漏会怎样呢?于是,他把油管的容积做小,使里面的油墨只能写到 15 000 字左右,同时降低圆珠笔的价格,成功解决了漏油问题。

后记:有时解决问题的关键是看你能不能换一个思路想问题。

 ## 实训报告

◎ 做一做、议一议:

通常凸模加工过程中应安排哪些热处理工序?这些热处理工序起什么作用?一般凸模的热处理硬度与凹模的热处理硬度相差多少为宜?

1. 实训题目

加工图 1-4 所示的凸模。

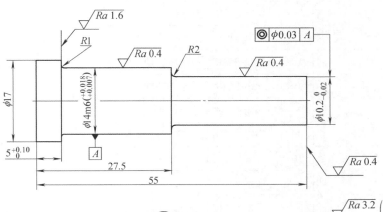

材料:T10A;热处理:56～60 HRC。

图 1-4 凸模

2. 实训报告格式

(1) 封面。

(2) 实训目标、要求。

(3) 零件的工艺分析。

 实训成绩考评

(1) 学生自检评定。

(2) 指导教师综合评定。

圆形凸模实训综合评定表见表 1-7。

表 1-7　圆形凸模实训综合评定表

项次	项目与技术要求	配分	评 定 方 法	实测记录	得分
1	准备工作充分	5	检查评定		
2	加工工艺设置合理,方案正确	7	设置不合理每处扣 1 分		
3	机床操作符合要求	6	按操作规程评定		
4	测量方法正确,尺寸控制合理	8	操作不符合要求每处扣 1 分		
5	车、磨平面	8	每错一项扣 1 分,缺一项扣 1.5 分		
6	钳工划线	8	每错一项扣 1 分,缺一项扣 1.5 分		
7	粗加工型孔(或型面)	10	每错一项扣 1.5 分,缺一项扣 2 分		
8	精加工型孔(或型面)	10	每错一项扣 1.5 分,缺一项扣 2 分		
9	钻孔及攻螺纹	8	每错一项扣 1 分,缺一项扣 1.5 分		
10	精磨端面	8	每错一项扣 1 分,缺一项扣 1.5 分		
11	精修、研磨工件并检验	10	每错一项扣 1.5 分,缺一项扣 2 分		
12	时间安排合理	6	每超 1 h 扣 1 分		
13	安全文明生产	6	违者每次扣 2 分		

任务三　编制非圆形凸模的加工工艺

 实训技能目标

(1) 通过制作落料凸模工作零件,掌握非圆形凸模常用的加工方法和制造工艺,熟悉制造工艺过程及测量、加工技术。

（2）掌握各类机床、辅助工装的使用方法和使用性能。

（3）熟知安全文明生产要求(确保产品的加工质量和正常的生产秩序)。

实训要求

（1）辅助工具　90°角尺、直尺、装夹工具等。

（2）工件备料　按图样尺寸要求选用锻造坯料。材料为 MnCrWV。坯料尺寸为 37 mm×27 mm×50 mm。

（3）技术要求　硬度为58~62 HRC。该落料凸模与凹模的配合间隙 $Z = 0.03$ mm。

典型零件的加工工艺分析

图 1-5 所示为冲孔凸模结构图。

1. 非圆形凸模的工艺性分析

该零件是冲孔模的凸模,工作零件的制造方法采用"实配法"。冲孔加工时,凸模是基准件,凸模的刃口尺寸决定制件尺寸;凹模型孔加工是以凸模制造时刃口的实际尺寸为基准来配制冲裁间隙的,凹模是基准件。因此,凸模在冲孔模中是保证产品制件型孔的关键零件。冲孔凸模零件的外形表面是立方体,尺寸为 32 mm×22 mm×45 mm,在零件开始加工时,首先保证外形表面尺寸。零件的"外形表面"是由 $R6.92_{-0.02}^{0}$ mm、$29.84_{-0.04}^{0}$ mm、$13.84_{-0.03}^{0}$ mm、$R5$ mm 和 $7.82_{-0.03}^{0}$ mm 几个尺寸组成的曲面,零件的固定部分是矩形,它和成形表面呈台阶状,该零件属于小型工作零件,成形表面在淬火前的加工方法可以采用仿形刨削或压印法;淬火后的精密加工可以采用坐标磨削和钳工修研的方法,采用压印法加工需要制作基准件,用凹模做基准显然不合理,且做基准件还增加了二级工具,实际生产设备又没有坐标磨床。因此采用仿形刨削作为淬火前的主要加工手段,在淬火中控制热处理变形量,淬火后的精加工通过模具钳工的加工来保证。

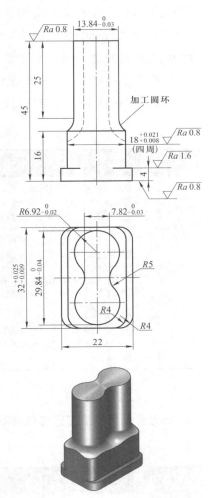

技术要求:成形面 Ra 为 6.3~0.4 μm,其余为 6.3 μm。
材料:MnCrWV;热处理:58~62 HRC。

图 1-5　冲孔凸模

　　零件的材料是 MnCrWV,热处理硬度为 58～62 HRC,是低合金工具钢,也是低变形冷作模具钢,具有良好的综合性能,是锰铬钨系钢的代表性钢种。由于材料含有微量的钒,可以抑制网状碳化物,增加淬透性和降低热敏感性,使晶粒细化。零件为实心零件,各部位尺寸差异不大,热处理较易控制变形,达到图样要求。

2. 加工方法及工艺方案比较

　　复杂型面凸模的制造工艺应根据凸模形状、尺寸、技术要求并结合本单位设备情况等具体条件进行制订,此类复杂凸模的工艺方案为:备料—锻造—热处理(退火)—刨(或铣)六面—平磨(或万能工具磨)六面至尺寸上限—钳工划线—粗铣外形—仿形刨或精铣成形表面—检验—钳工粗研—热处理—钳工精研及抛光。

　　此类结构凸模的工艺方案不足之处是淬火之前机械加工必须成形,这样势必带来热处理的变形、氧化、脱碳、烧蚀等问题,影响凸模的精度和质量。在选材时,应采用热变形小的合金工具钢,如 MnCrWV、CrWMn、Cr12MoV 等;采用高温盐浴炉加热,淬火后采用真空回火炉回火稳定处理,防止过烧和氧化等现象产生。

　　非圆形凸模加工工艺方案与凹模和圆形凸模加工工艺方案相同,见表 1-1。

　　非圆形凸模常用加工方法见表 1-8。

表 1-8　非圆形凸模常用加工方法

形式	常 用 加 工 方 法	适 用 场 合
阶梯式	方法一:凹模压印锉修法。车、铣或刨削加工毛坯,磨削安装面和基准面,划线铣轮廓,留 0.2～0.3 mm 单边余量,用凹模(已加工好)压印后锉修轮廓,淬硬后抛光、磨刃口	无间隙冲模,设备条件较差,无成形加工设备
	方法二:仿形刨削加工。粗铣或刨加工轮廓,留 0.2～0.3 mm 单边余量,用凹模(已加工好)压印后仿形精刨,最后淬火、抛光、磨刃口	一般要求的凸模
直通式	方法一:电火花线切割加工。粗加工毛坯,磨削安装面和基准面,划线加工安装孔、穿丝孔,淬硬后磨安装面和基准面,电火花线切割成形,抛光、磨刃口	形状较复杂或尺寸较小、精度较高的凸模
	方法二:成形磨削。粗加工毛坯,磨削安装面和基准面,划线加工安装孔,加工轮廓,留 0.2～0.3 mm 单边余量,淬硬后磨安装面,再成形磨削轮廓	形状不太复杂、精度较高的凸模或镶块

3. 工艺过程的制订

　　非圆形凸模加工工艺过程见表 1-9。

表 1-9　非圆形凸模加工工艺过程

工序号	工序名称	工 序 内 容
1	备料	锯床下料,ϕ40 mm×43 mm
2	锻造	锻成 37 mm×27 mm×50 mm

工序号	工序名称	工 序 内 容
3	热处理	退火
4	立铣	铣六面,保证尺寸 32.4 mm×22 mm×45.4 mm
5	磨平面	磨两大平面及相邻的侧面,保证垂直度
6	钳工划线	去毛刺,划线
7	工具铣	铣型面及台阶 18 mm×4 mm,留双边余量 0.4～0.5 mm
8	仿形刨	按线找正刨型面,留双边余量 0.1～0.15 mm
9	钳工修整	修型面留余量 0.02～0.03 mm,对样板;倒角 R4 mm
10	热处理	淬火、回火,保证 58～62 HRC
11	平磨	光上、下面,找正磨削尺寸 18 mm×32 mm
12	钳工修整	修研型面达图样要求,对样板

4. 机械加工工艺过程卡片的制订

非圆形凸模加工工艺过程卡片见表 1-10。

表 1-10　非圆形凸模加工工艺过程卡片

工 艺 过 程 卡								
零件名称	非圆形凸模	模具编号				零件编号		
零件材料	MnCrWV	毛坯尺寸	37 mm×27 mm×50 mm			件数		1
工序号	工序名称	工 序 内 容		定额工时	实做工时	制造人	检验	等级
1	备料	锯床下料,$\phi40$ mm×$43_{0}^{+0.4}$ mm						
2	锻造	锻成 37 mm×27 mm×50 mm						
3	热处理	退火,HBW≤229						
4	立铣	铣六面,保证尺寸 32.4 mm×22 mm×45.4 mm						
5	磨平面	磨两大平面及相邻的侧面,保证垂直度						
6	钳工划线	去毛刺,划线						
7	工具铣	铣型面及台阶 18 mm×4 mm,留双边余量 0.4～0.5 mm						
8	仿形刨	按线找正刨型面,留双边余量 0.1～0.15 mm						

续　表

工序号	工序名称	工 序 内 容	定额工时	实做工时	制造人	检验	等级
9	钳工修整	修型面留余量 0.02～0.03 mm,对样板;倒角 R4 mm					
10	热处理	淬火、回火,保证 58～62 HRC					
11	平磨	光上、下面,找正磨削尺寸18 mm×32 mm					
12	钳工修整	修研型面达图样要求,对样板					
工艺员		时间	年　月　日		零件质量等级		

 职业素养提升

袋鼠与笼子

一天,动物园管理员发现袋鼠从笼子里跑出来了,于是开会讨论,一致认为是笼子的高度过低造成的,于是他们决定将笼子的高度由原来的 6 米加高到 8 米。第二天,他们发现袋鼠还是跑到外面来了,于是又决定再将高度加高到 10 米。

隔天,袋鼠又全跑到外面来了,于是管理员们大为紧张,决定一不做二不休,将笼子的高度加高到 15 米。

一天,长颈鹿和几只袋鼠闲聊:"你们看,这些人会不会再继续加高你们的笼子?"长颈鹿问。"很难说!"袋鼠说:"如果他们再继续忘记关门的话!"

后记:是由"本末、轻重、缓急",关门是本,加高笼子是末,舍本而逐末,当然就不得要领了。

做一做、议一议:

一般说来,冲裁凸模的侧壁应平直,或稍有斜度(不大于15′)。这种斜度的方向应是"正向"。其方向应如何表示?

 **实训报告**

1. 实训题目

加工图 1−6 所示冲裁模工作零件——落料凸模。

2. 实训报告格式

(1) 封面。

(2) 实训目标、要求。

(3) 零件的工艺分析。

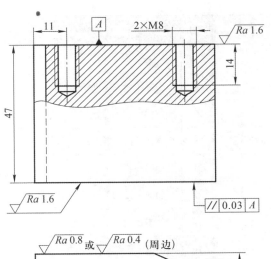

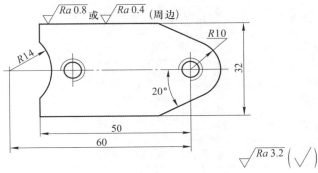

技术要求：成形面尺寸与凹模实际尺寸配制，保证双面间隙为0.03 mm。
材料：CrWMn；硬度：58~62 HRC。

图1-6 落料凸模

 实训成绩考评

（1）学生自检评定。

（2）指导教师综合评定。

非圆形凸模实训综合评定表见表1-11。

表 1-11 非圆形凸模实训综合评定表

项次	项目与技术要求	配分	评 定 方 法	实测记录	得分
1	准备工作充分	5	检查评定		
2	加工工艺设置合理,方案正确	7	设置不合理每处扣1分		
3	机床操作符合要求	6	按操作规程评定		
4	测量方法正确,尺寸控制合理	8	操作不符合要求每处扣1分		
5	车、磨平面	8	每错一项扣1分,缺一项扣1.5分		
6	钳工划线	8	每错一项扣1分,缺一项扣1.5分		
7	粗加工型孔(或型面)	10	每错一项扣1.5分,缺一项扣2分		
8	精加工型孔(或型面)	10	每错一项扣1.5分,缺一项扣2分		
9	钻孔及攻螺纹	8	每错一项扣1分,缺一项扣1.5分		
10	精磨端面	8	每错一项扣1分,缺一项扣1.5分		
11	精修、研磨工件并检验	10	每错一项扣1.5分,缺一项扣2分		
12	时间安排合理	6	每超1 h扣1分		
13	安全文明生产	6	违者每次扣2分		

任务四　编制上、下模座的加工工艺

 实训技能目标

(1) 通过制作上、下模座工作零件,掌握上、下模座常用的加工方法和制造工艺,熟悉制造工艺过程及测量、加工技术。

(2) 掌握各类机床、辅助工装的使用方法和使用性能。

① 铣床及工艺装备工作原理。

② 内外圆磨床的性能及辅助工装。

③ 镗床的性能及辅助工装。

(3) 熟知安全文明生产要求(确保产品的加工质量和正常的生产秩序)。

① 铣床操作规程。

② 内外圆磨床操作规程。

③ 镗床的操作规程。

实训要求

（1）辅助工具　90°角尺、直尺、装夹工具等。

（2）工件备料　按图样尺寸要求选用锻造坯料。材料为 HT200。

（3）技术要求　模座上、下工作面及导柱、导套安装孔的表面粗糙度 Ra 为 1.6～0.8 μm，其余部位 Ra 为 12.5～6.3 μm。

典型零件的加工工艺分析

模座包括的上、下模座，动、定模座板等和模板包括的各种固定板、套板、支承板、垫板等都属于板类零件。其结构、尺寸已标准化，冲裁模模座多用铸铁或钢板制造，塑料模或压铸模的座板和各种模板多用中碳钢制造。图 1-7 所示为冲裁模的上、下模座结构图。

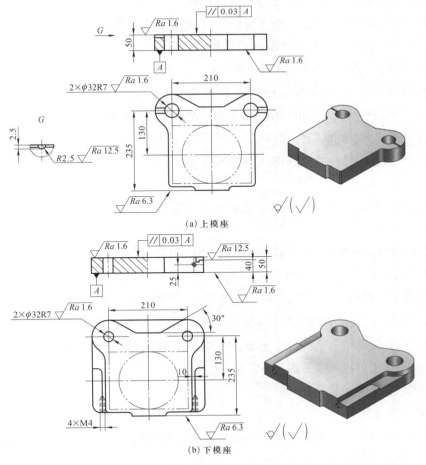

图 1-7　冲裁模模座

1. 上、下模座的工艺性分析

冲裁模的上、下模座是组成模架的主要零件之一,用来安装导柱、导套和凸、凹模等零件。应保证模架的装配要求,使模架工作时上模座沿导套上、下运动平稳,无滞阻现象,保证模具正常工作。

上、下模座属于板类零件,都是由平面和孔系组成的。在制造过程中,主要是进行平面加工和孔系加工。为保证技术要求、加工方便及模架的装配要求,加工后应保证模座上、下表面的平行度要求及装配时有关接合面的平面度要求,一般遵循先面后孔的加工原则,即先加工平面,再以平面定位加工孔系。

平面的加工方法有车、刨、铣、磨、研磨、刮研,加工时可根据模座的不同精度和表面结构要求选用,组成合理的加工工艺方案。一般先在铣床或刨床上进行粗加工,再在平面磨床上进行精加工,以保证模座上、下表面的平面度、平行度及表面结构要求,同时作为孔加工的定位基准以保证孔的垂直度要求。

加工模座上的导柱和导套孔,除保证孔本身的尺寸精度外,还要保证各孔之间的位置精度,可采用坐标镗床、数控镗床或数控铣床进行加工。若无上述设备或设备精度不够,也可在卧式镗床或铣床上进行加工。为了保证导柱、导套安装孔的间距一致,经常将上、下模座重叠在一起,一次装夹同时加工出导柱和导套的安装孔。

模座经机械加工后应满足以下技术要求:

① 模座的加工精度要求主要体现在模座上、下表面的平行度,其平行度允差在 300 mm 范围内应小于 0.03 mm;模座上导柱、导套安装孔的轴线必须与模座上、下表面垂直,垂直度允差在 500 mm 范围内应小于 0.01 mm。

② 上、下模座的导柱、导套安装孔的位置尺寸(中心距)应保持一致,非工作面的外缘锐边倒角为 $C1 \sim C4$。

③ 模座上、下工作面及导柱、导套安装孔的表面粗糙度 Ra 为 $1.6 \sim 0.8 \ \mu m$,其余部位 Ra 为 $12.5 \sim 6.3 \ \mu m$。

④ 模座的材料一般为铸铁 HT200 或 HT250,也可用 Q235 或 Q255。

2. 加工方法及工艺方案比较

上、下模座的结构形式较多,不同的结构形式、不同技术要求的模座可采用不同的机械加工方法。其加工工艺方案不同,获得的加工精度也不同。应根据模座的技术要求,结合工厂的生产条件等具体情况选择加工方案。加工上、下模座的工艺方案为:备料—刨(铣)平面—磨平面—钳工划线—铣—钻孔—镗孔—检验。

3. 有关工艺装备的准备

(1) 夹具的选择

铣削加工用的夹具一般安装在工作台上,其形式根据被加工工件的特点可多种多样,如通用平口虎钳、数控分度转台等。

对于磨削、钻孔和镗孔加工,分别选择磨床夹具、钻孔夹具和镗孔夹具。

(2)刀具的选择

铣削加工,选用面铣刀。

磨削加工,选用砂轮。

钻孔加工,选用直径大小合适的钻孔刀具。

镗孔加工,选用直径大小合适的镗孔刀具。

(3)量具的选择

量具选用千分尺。

4. 工艺过程的制订

上、下模座的加工工艺过程分别见表 1-12 和表 1-13。

表 1-12 上模座加工工艺过程

工序号	工序名称	工序内容	设备	工序简图
1	备料	铸造毛坯		
2	刨(铣)平面	刨(铣)上、下平面,保证尺寸 50.8 mm	牛头刨床(铣床)	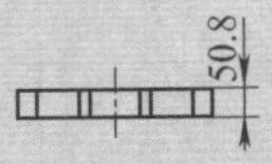
3	磨平面	磨上、下平面达尺寸 50 mm,保证平面度要求	平面磨床	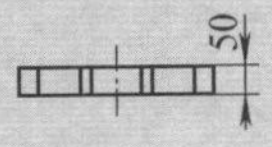
4	钳工划线	划前部及导套安装孔线		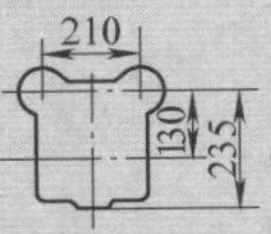
5	铣前部	按线铣前部	立式铣床	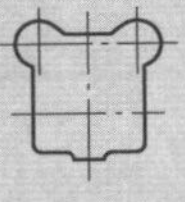
6	钻孔	按线钻导套安装孔至尺寸 ϕ43 mm	立式钻床	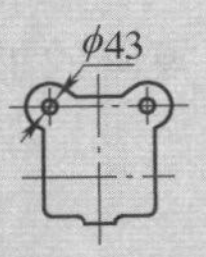
7	镗孔	和下模座重叠镗孔达尺寸 ϕ45H7,保证垂直度	镗床或铣床	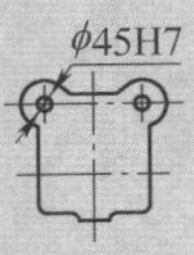
8	铣槽	按线铣 R2.5 mm 的圆弧槽	卧式铣床	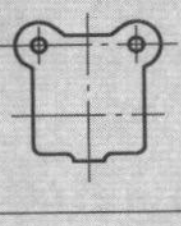
9	检验			

表 1-13 下模座加工工艺过程

工序号	工序名称	工 序 内 容	设备	工 序 简 图
1	备料	铸造毛坯		
2	刨(铣)平面	刨(铣)上、下平面,保证尺寸 50.8 mm	牛头刨床(铣床)	
3	磨平面	磨上、下平面达尺寸 50 mm,保证平面度要求	平面磨床	
4	钳工划线	划前部、导套孔线及螺纹孔线		
5	铣床加工	按线铣前部,铣两侧压紧面达尺寸	立铣床	
6	钻床加工	钻导套孔至尺寸 $\phi30$ mm,钻螺纹底孔,攻螺纹	立式钻床	
7	镗孔	和上模座重叠镗孔达尺寸 $\phi32R7$,保证垂直度	镗床或铣床	
8	检验			

5. 机械加工工艺过程卡片的制订

上、下模座的加工工艺过程卡片见表 1-14 和表 1-15。

表 1-14 上模座加工工艺过程卡片

工 艺 过 程 卡							
零件名称	上模座		模具编号			零件编号	
零件材料	HT200		毛坯尺寸	260 mm×263 mm×55 mm		件数	1
工序号	工序名称	工 序 内 容		定额工时	实做工时	制造人	检验	等级
1	备料	铸造毛坯						
2	刨(铣)平面	刨(铣)上、下平面,保证尺寸 50.8 mm						

工序号	工序名称	工 序 内 容	定额工时	实做工时	制造人	检验	等级
3	磨平面	磨上、下平面达尺寸 50 mm,保证平面度要求					
4	钳工划线	划前部及导套安装孔线					
5	铣前部	按线铣前部					
6	钻孔	按线钻导套安装孔至尺寸 $\phi43$ mm					
7	镗孔	和下模座重叠镗孔达尺寸 $\phi45H7$,保证垂直度					
8	铣槽	按线铣 $R2.5$ mm 的圆弧槽					
9	检验						
工艺员		时间	年 月 日		零件质量等级		

表 1-15 下模座加工工艺过程卡片

工 艺 过 程 卡							
零件名称	下模座	模具编号			零件编号		
零件材料	HT200	毛坯尺寸	247 mm×256 mm×55 mm		件数		1
工序号	工序名称	工 序 内 容	定额工时	实做工时	制造人	检验	等级
1	备料	铸造毛坯					
2	刨(铣)平面	刨(铣)上、下平面,保证尺寸 50.8 mm					
3	磨平面	磨上、下平面达尺寸 50 mm,保证平面度要求					
4	钳工划线	划前部、导套孔线及螺纹孔线					
5	铣床加工	按线铣前部,铣两侧压紧面达尺寸					
6	钻床加工	钻导套孔至尺寸 $\phi30$ mm,钻螺纹底孔,攻螺纹					
7	镗孔	和上模座重叠镗孔达尺寸 $\phi32R7$,保证垂直度					
8	检验						
工艺员		时间	年 月 日		零件质量等级		

 **职业素养提升**

三 个 金 人

曾经有一个小国的使者到某古国来,进贡了三个一模一样的金人,金碧辉煌,把皇帝高兴坏了。使者同时还出了一道题目:这三个金人哪个最有价值?

皇帝想了许多的办法,请来珠宝匠检查,称重量、看做工,都是一模一样的。怎么办?使者还等着回去汇报呢。泱泱大国,不会连这个小事都不懂吧?

最后,有一位退位的老臣说他有办法。

皇帝将使者请到大殿,老臣胸有成竹地拿着三根稻草,插入第一个金人的耳朵里,这稻草从另一边耳朵出来了;第二个金人的稻草从嘴巴里直接掉出来;第三个金人,稻草进去后掉进了肚子,什么响动都没有。老臣说:第三个金人最有价值!使者默默无语,答案正确!

后记:最有价值的人,不一定是最能说的人。老天给人们两只耳朵一个嘴巴,本来就是让人们多听少说的。善于倾听,才是成熟的人最基本的素质之一!

 实训报告

1. 实训题目

加工如图 1-8 所示冲裁模的上、下模座。

⊙ **做一做、议一议:**

上、下模座是冲模的主要支承部件。如何能保证上、下模座之间的相对位置的准确性?设计上、工艺上有哪些措施?可以用什么方法进行检测?

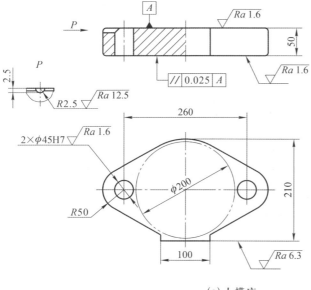

(a) 上模座

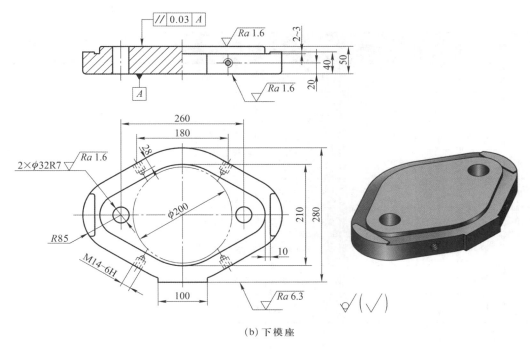

（b）下模座

图 1-8　冲裁模上、下模座

2. 实训报告格式

（1）封面。

（2）实训目标、要求。

（3）零件的工艺分析。

 实训成绩考评

（1）学生自检评定。

（2）指导教师综合评定。

上、下模座实训综合评定表见表 1-16。

表 1-16　上、下模座实训综合评定表

项次	项目与技术要求	配分	评 定 方 法	实测记录	得分
1	准备工作充分	5	检查评定		
2	加工工艺设置合理,方案正确	7	设置不合理每处扣1分		
3	机床操作符合要求	6	按操作规程评定		
4	测量方法正确,尺寸控制合理	8	操作不符合要求每处扣1分		

续　表

项次	项目与技术要求	配分	评定方法	实测记录	得分
5	铣、磨平面	8	每错一项扣1分,缺一项扣1.5分		
6	钳工划线	8	每错一项扣1分,缺一项扣1.5分		
7	粗加工型孔(或型面)	10	每错一项扣1.5分,缺一项扣2分		
8	精加工型孔(或型面)	10	每错一项扣1.5分,缺一项扣2分		
9	钻孔及攻螺纹	8	每错一项扣1分,缺一项扣1.5分		
10	精磨端面	8	每错一项扣1分,缺一项扣1.5分		
11	精修、研磨工件并检验	10	每错一项扣1.5分,缺一项扣2分		
12	时间安排合理	6	每超1 h扣1分		
13	安全文明生产	6	违者每次扣2分		

任务五　编制模柄的加工工艺

 ### 实训技能目标

(1) 通过制作模柄工作零件,掌握模柄常用的加工方法和制造工艺,熟悉制造工艺过程及测量、加工技术。

(2) 掌握各类机床、辅助工装使用方法和使用性能。

① 车床及工艺装备工作原理。

② 内外圆磨床的性能及辅助工装。

(3) 熟知安全文明生产要求(确保产品的加工质量和正常的生产秩序)。

① 车床操作规程。

② 内外圆磨床操作规程。

微视频

模柄的
加工工艺

 ### 实训要求

(1) 辅助工具　90°角尺、直尺、装夹工具等。

(2) 工件备料　按图样尺寸要求选用锻造坯料。材料为Q235A。坯料尺寸为 $\phi 42$ mm×78 mm。

典型零件的加工工艺分析

图1-9所示为压入式模柄结构图。

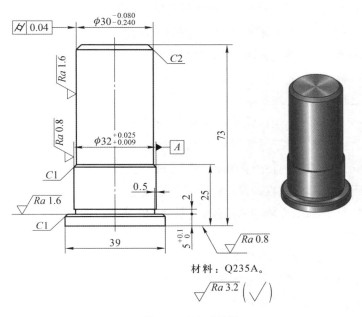

材料：Q235A。

图1-9　压入式模柄

1. 模柄的工艺性分析

中、小型模具一般通过模柄将上模固定在压力机滑块上。模柄是连接上模与压力机滑块的零件。对它的基本要求是：一要与压力机滑块上的模柄孔正确配合,安装可靠;二要与上模正确而可靠地连接。图1-9所示为标准的A型压入式模柄,它与模座孔采用过渡配合H7/m6、H7/h6,并加装销以防转动。这种模柄可较好地保证轴线与上模座的垂直度,适用于各种中、小型冲模,生产中最常见。

与导柱一样,构成模柄的基本表面为回转体圆柱面,因此模柄的主要加工方法也是采用车削、磨削,对于配合精度要求高的部位,还要研磨其配合表面。加工时要采用两端中心孔定位,使各主要工序的定位基准统一,同时还应修正中心孔。修正中心孔可采用磨、研磨和挤压等方法,精加工可采用外圆磨床加工。

2. 加工方法及工艺方案比较

模柄零件的形状比较简单,主要是进行外圆柱面加工。外圆柱面的机械加工方法很多,常用的有车、磨、研磨等,根据零件的尺寸精度与表面结构要求,可将这些加工方法进行适当的组合。

一般采用普通机床进行粗加工、半精加工,而后进行磨削精加工。对于配合精度要求高的部位,其配合表面还要进行研磨,才能达到要求的精度和表面粗糙度。在对外圆柱面进行车削和磨削之前应先加工中心孔,以便为后续工序提供可靠的定位基准,保证导柱的同轴度要求。

根据模柄的结构形状、尺寸精度、配合间隙及加工条件等可采用传统机械加工,其加工方法一般有分别加工法和配作法两种方案。由于配作法的生产类型适合于单件生产,而模柄属标准件,其生产类型属于小批生产,即模柄的加工(采用基孔制)分别由图样尺寸的要求、公差配合的间隙尺寸之差来保证,因此,模柄宜采用分别加工法进行制造。

模柄的加工方案为:下料—粗车—钻中心孔—车削—检验—磨削—研磨外圆。

3. 有关工艺装备的准备

(1) 夹具的选择

大批、大量生产的情况下,应广泛使用专用夹具;单件、小批生产尽量选择通用夹具,如标准卡盘、平口虎钳、转台等。由于模柄都为单件、小批生产,所以采用车床通用夹具:三爪自定心卡盘、顶尖。模柄内孔加工时以外圆定位,用三爪自定心卡盘夹紧。加工外轮廓时,为保证同轴度要求和便于装夹,以坯件左端面和轴心线为定位基准,此时需设计一个心轴装置,用三爪自定心卡盘夹持心轴左端,心轴右端留有中心孔并用尾座顶尖顶紧以提高工艺系统的刚性。

(2) 刀具的选择

选用 $\phi5$ mm 中心钻钻削中心孔。

粗车及平端面选用 90°硬质合金外圆车刀。

精车选用 60°硬质合金外圆车刀。

精磨选用砂轮。

将所选的刀具参数填入表 1-17 所示的模柄加工刀具卡片中,以便于编程和操作管理。

表 1-17　模柄加工刀具卡片

产品名称			零件名称	模柄	零件图号	××
序号	刀具号	刀具规格名称	数量	加工表面	刀具半径/mm	备 注
1	T01	$\phi5$ mm 中心钻	1	钻 $\phi5$ mm 中心孔		
2	T02	90°硬质合金外圆车刀	1	车端面及粗车轮廓		右偏刀
3	T03	60°硬质合金外圆车刀	1	精车轮廓		右偏刀
4	T04	砂轮	1	精磨轮廓		
编制		审核		批准	共 1 页	第 1 页

(3) 量具的选择

量具的选择主要根据检验要求的标准硬度和生产类型来确定。所选量具能达到的准确度应与零件的精度要求相适应。单件、小批生产广泛采用通用量具,大批、大量生产则采用极限量规及高生产率的检验仪器。

4. 工艺过程的制订

模柄加工工艺过程见表 1-18。

表 1-18　模柄加工工艺过程

工序号	工序名称	工 序 内 容
1	下料	按尺寸 $\phi 42$ mm×78 mm 切断
2	车端面、钻中心孔	车端面,保证长度 75.5 mm 钻中心孔 掉头车端面,保证长度 73 mm 钻中心孔
3	车外圆	车外圆,留 0.2~0.3 mm 的磨削余量
4	检验	
5	磨外圆	磨外圆至尺寸,磨 $\phi 32$ mm 外圆,留研磨余量 0.01 mm
6	研磨	研磨外圆达技术要求
7	检验	

5. 机械加工工艺过程卡片的制订

模柄加工工艺过程卡片见表 1-19。

表 1-19　模柄加工工艺过程卡片

工 艺 过 程 卡								
零件名称	模柄		模具编号			零件编号		
零件材料	Q235A		毛坯尺寸	$\phi 42$ mm×78 mm		件数		1
工序号	工序名称	工 序 内 容	定额工时	实做工时	制造人	检验		等级
1	下料	按尺寸 $\phi 42$ mm×78 mm 切断						
2	车端面、钻中心孔	车端面,保证长度 75.5 mm 钻中心孔 掉头车端面,保证长度 73 mm 钻中心孔						
3	车外圆	车外圆,留 0.2~0.3 mm 的磨削余量						
4	检验							
5	磨外圆	磨外圆至尺寸,磨 $\phi 32$ mm 外圆,留研磨余量 0.01 mm						
6	研磨	研磨外圆达技术要求						
7	检验							
工艺员		时间		年　月　日		零件质量等级		

 职业素养提升

出　　门

古时候,有两个兄弟各自带着一只行李箱出远门。一路上,重重的行李箱将兄弟俩压得喘不过气来。他们只好左手累了换右手,右手累了又换左手。忽然,大哥停了下来,在路边买了一根扁担,将两个行李箱一左一右挂在扁担上。他挑起两个箱子上路,反倒觉得轻松了很多。

后记:人生会遇到许多困难。在前进的道路上,搬开别人脚下绊脚石的同时,有时恰恰也是在为自己铺路。

 做一做、议一议:

模柄在模具中起什么作用?模柄采用什么形式的毛坯为好?

实训报告

1. 实训题目

加工图 1-10 所示的凸缘模柄。

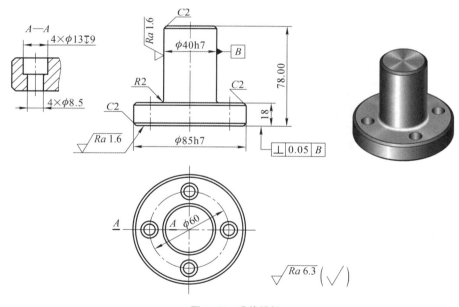

图 1-10　凸缘模柄

2. 实训报告格式

(1) 封面。

(2) 实训目标、要求。

（3）零件的工艺分析。

 实训成绩考评

（1）学生自检评定。

（2）指导教师综合评定。

模柄实训综合评定表见表 1-20。

表 1-20 模柄实训综合评定表

项次	项目与技术要求	配分	评 定 方 法	实测记录	得分
1	准备工作充分	5	检查评定		
2	加工工艺设置合理,方案正确	7	设置不合理每处扣 1 分		
3	机床操作符合要求	6	按操作规程评定		
4	测量方法正确,尺寸控制合理	8	操作不符合要求每处扣 1 分		
5	粗车外圆	18	错一项扣 1 分,缺一项扣 1.5 分		
6	钳工划线	8	错一项扣 1 分,缺一项扣 1.5 分		
7	车内孔（钻中心孔）	10	错一项扣 1.5 分,缺一项扣 2 分		
8	精磨端面、外圆(中心孔或内孔)	18	错一项扣 1 分,缺一项扣 1.5 分		
9	精修、研磨工件并检验	8	错一项扣 1.5 分,缺一项扣 2 分		
10	时间安排合理	6	每超 1 h 扣 1 分		
11	安全文明生产	6	违者每次扣 2 分		

项目二
塑料模零件的机械加工工艺

任务一　编制型腔、型孔的加工工艺

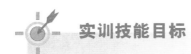 **实训技能目标**

（1）通过制作型腔、型孔工作零件,掌握型腔、型孔常用的加工方法和制造工艺,熟悉制造工艺过程及测量、加工技术。

（2）掌握各类机床、辅助工装的使用方法和使用性能。

（3）熟知安全文明生产要求(确保产品的加工质量和正常的生产秩序)。

 实训要求

（1）辅助工具　90°角尺、直尺、装夹工具等。

（2）工件备料　按图样尺寸要求选用锻造坯料。材料：MnCrWV。

（3）技术要求　硬度：60～64 HRC。

 典型零件的加工工艺分析

塑料模具的动模、定模的型孔板和型腔板是模具的工作零件,它们的形状、尺寸、精度和相对应的凸模、型芯、镶块等零件要求互相协调或配合一致。此外,和型孔板和型腔板相关的固定板、推件板等零件也属于型腔、型孔板类零件,也有较高的技术要求。这类零件统称为型腔、型孔板类零件。图 2-1 所示为级进冲裁凹模结构图。

1. 型孔、型腔的工艺性分析

该零件是级进冲裁模的凹模,采用整体式结构,零件的外形表面尺寸为 120 mm × 80 mm×18 mm,零件的成形表面尺寸是 3 组冲裁凹模型孔,第 1 组是冲定距孔和两个圆孔,第 2 组是冲两个长孔,第 3 组是一个落料型孔。这 3 组型孔之间有严格的孔距精度要求,它是实现正确级进和冲裁、保证产品零件各部分位置尺寸的关键。各型孔的孔径尺寸精

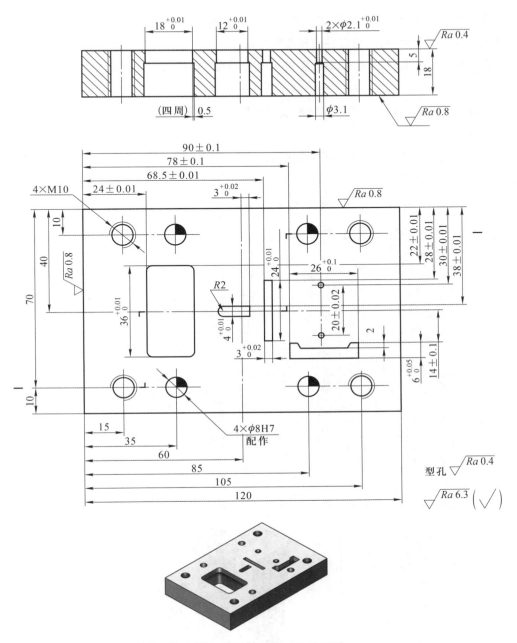

材料：MnCrWV；热处理硬度：60~64 HRC。

图 2-1　级进冲裁凹模

度是保证产品零件尺寸精度的关键。这部分尺寸和精度是该零件加工的关键。结构表面包括螺纹连接孔和销定位孔等。

　　该零件是模具装配和加工的基准件,模具的卸料板、固定板、模板上的各孔都和该零件有关,以该零件的型孔的实际尺寸为基准来加工相关零件各孔。

零件材料为 MnCrWV,热处理硬度为 60～64 HRC。零件毛坯形式为锻件,金属材料的纤维方向应平行于大平面,与零件长轴方向垂直。

零件各型孔的成形表面在淬火后采用电火花线切割加工,最后由模具钳工进行研抛加工。

型孔和小孔的检查:型孔可在投影仪或工具显微镜上检查,小孔应制作二级工具"光面量规"进行检查。

型腔加工:车削加工主要用于加工回转曲面的型腔或型腔的回转曲面部分,如图 2-2 所示。加工过程如下:

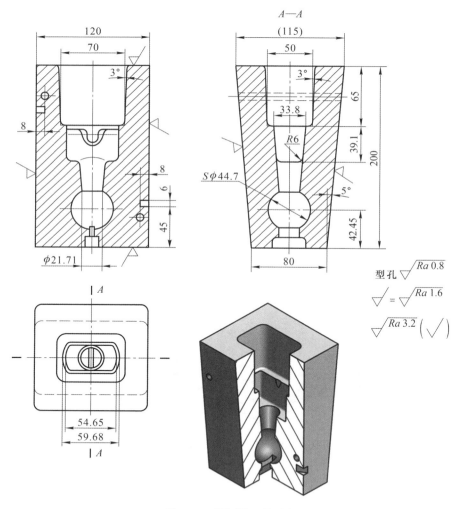

图 2-2 对拼式塑压模型腔

① 将坯料加工为平行六面体,斜面暂不加工。

② 在拼块上加工出工艺螺孔和导钉孔,如图 2-3 所示。

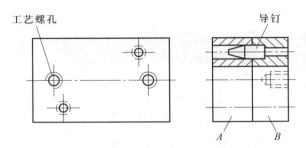

图 2-3　拼块上的工艺螺孔和导钉孔

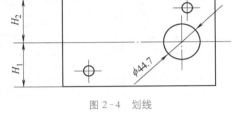

图 2-4　划线

③ 将分型面磨平,将两拼块用夹板固定,配加工导钉孔,装上导钉,如图 2-3 所示。

④ 将两拼块拼合后磨平四侧面及一端面,保证垂直度,要求两拼块厚度保持一致。

⑤ 在分型面上以球心为圆心,以 44.7 mm 为直径划线,保证 $H_1 = H_2$,如图 2-4 所示。

2. 加工方法及工艺方案比较

(1) 加工方法比较

用电火花加工方法进行型腔加工比加工凹模型孔困难得多。型腔加工属于不通孔加工,金属蚀除量大,工作液循环困难,电蚀产物排除条件差,电极损耗不能用增加电极长度和进给来补偿;加工面积大,加工过程中要求电规准的调节范围也较大;型腔复杂,电极损耗不均匀,影响加工精度。因此,型腔加工要从设备、电源、工艺等方面采取措施来减小或补偿电极损耗,以提高加工精度和生产率。

常用的型腔加工方法有电火花加工、机械加工和冷挤压等,几种加工方法的比较见表 2-1。

表 2-1　型腔加工方法比较

		机械加工(立铣、数控铣)	冷 挤 压	电火花加工
对各类型腔的适应性	大型腔	较好	较差	好
	深型腔	较差	低碳钢等塑性好的材料较好	较好
	复杂型腔	立铣较差,数控铣较好	较差,有的要分次挤压	较好
	文字图案	差	较好	好
	硬材料	较差	差	好
加工质量	精度	立铣较高,数控铣高	较高	比机加工高、比冷挤压低
	表面粗糙度	立铣较小,数控铣小	小	比机加工小、比冷挤压大
	后工序抛光量	立铣较小,数控铣小	小	较小

续　表

		机械加工(立铣、数控铣)	冷　挤　压	电火花加工
效益	辅助时间 (包括二类工具)	长	较长	较短
	成形时间	长	很短	较短
辅助 工具	种类	成形刀具等	挤头、套圈等	电动机、装夹工具等
	重复使用性	可多次使用	可使用几次	一般不能多次使用
操作与劳动强度		操作复杂,劳动强度 较高	操作简单,劳动强度低	操作简单,劳动强度低
经济技术效益		较高	高	高
适用范围		各类型腔,在淬火前 加工	小型型腔,塑性好的材料在 退火状态下加工	各种材料,大、中、小均 可,淬火后也能加工

(2) 型腔加工的工艺方法

① 单电极加工法　单电极加工法是指用一个电极加工出所需的型腔。单电极加工法用于下列几种情况:

·加工形状简单、精度要求不高的型腔。

·加工经过预加工的型腔。为了提高电火花加工效率,型腔在电火花加工之前采用切削加工方法进行预加工,并留适当的电火花加工余量,在型腔淬火后用一个电极进行精加工,以达到型腔的精度要求。一般型腔可用立式铣床进行预加工;复杂型腔或大型型腔可先用立式铣床去除大量的加工余量,再用数控铣床精铣。设备条件较好的企业可直接采用数控铣床完成预加工。在保证加工成形的条件下,电火花加工余量越小越好。一般型腔侧面余量单边留 0.1~0.5 mm,底面余量留 0.2~0.7 mm。如果是多台阶复杂型腔,则余量应适当减小。电火花加工余量应均匀,否则将使电极损耗不均匀,影响成形精度。

·用平动法加工型腔。对有平动功能的电火花加工机床,在型腔不进行预加工的情况下,也可用一个电极加工出所需型腔。在加工过程中,先采用低损耗、高生产率的电规准对型腔进行粗加工,然后启动平动头带动电极(或数控坐标工作台带动工件)作平面圆周运动,同时按粗、中、精的加工顺序逐级转换电规准,加工电极作相应的小半径的平面圆周运动,从而将型腔加工到所规定的尺寸及表面粗糙度要求。

② 多电极加工法　多电极加工法是用多个电极依次更换、加工同一个型腔。用多电极加工法加工的型腔精度高,尤其适用于加工尖角、窄缝多的型腔。其缺点是需要制造多个电极,且对电极的制造精度要求很高,更换电极需要保证高的定位精度。因此,这种方法一般只用于精密型腔加工。

③ 分解电极法　分解电极法是根据型腔的几何形状,把电极分解成主型腔电极和副

型腔电极分别进行加工。先用主型腔电极加工出型腔的主要部分,再用副型腔电极加工型腔的尖角、窄缝等部位,此法能根据主、副型腔的不同加工条件,选择不同的电规准,有利于提高加工速度和加工质量,使电极易于制造和修整,但主、副型腔电极的安装精度要求高。

 职业素养提升

不说"对不起"

毕业时,一家塑料模具厂刚好来到学校招聘。经过面试,我得到了自己人生中的第一份工作。入职后,我被分配到了钳工车间四组。由于师傅老王在车间里属于能人,所以我有幸接触到了一些比较复杂的模具。

对于刚刚参加工作的我来说,许多知识明明在学校里学过,可一进车间,脑子里却总是处于懵懂状态。为了给师傅留下好印象,我总是认认真真地对待他交给我的每一项任务。

一天,师傅安排我抛光电话机上盖模具型腔数字盘的电极,告诉我要细心,不能出差错。坐在桌前,我先要用最细的什锦锉将电极上细小的铣刀纹路全部锉掉,然后再用油石蘸着煤油为电极的成形部分抛光。我小心翼翼地干了几天,电极逐渐被我抛得像模像样了。这天,几乎从不进车间的工艺员朱工来了。见到我抛光的电极,朱工先是笑着说不错,但很快就变了脸。她把电极拿上楼,很快就哭丧着脸回来了:"不好意思,我把电极的方向画反了,对不起啊!"

当时,我的心情是什么,所有人应该都能够理解。静下心来之后,我想,我一定要加倍努力,争取有对别人说"对不起"的机会。然后,再争取永远不对别人说这样的"对不起"。之后我在这家厂里干了十五年,真的得到了对别人说"对不起"的机会,但从没有对别人说过类似的"对不起"。

 实训报告

1. 实训题目

加工图 2-5 所示的塑料模定模。

2. 实训报告格式

(1) 封面。

(2) 实训目标、要求。

(3) 零件的工艺分析。

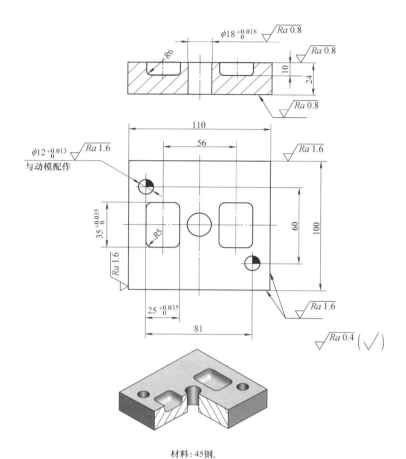

材料:45钢。

图 2-5　塑料模定模

 实训成绩考评

(1) 学生自检评定。

(2) 指导教师综合评定。

型腔、型孔实训综合评定表见表 2-2。

表 2-2　型腔、型孔实训综合评定表

项次	项目与技术要求	配分	评 定 方 法	实测记录	得分
1	准备工作充分	5	检查评定		
2	加工工艺设置合理,方案正确	7	设置不合理每处扣 1 分		
3	机床操作符合要求	6	按操作规程评定		

续　表

项次	项目与技术要求	配分	评 定 方 法	实测记录	得分
4	测量方法正确,尺寸控制合理	8	操作不符合要求每处扣1分		
5	车、磨平面	8	每错一项扣1分,缺一项扣1.5分		
6	钳工划线	8	每错一项扣1分,缺一项扣1.5分		
7	粗加工型孔(或型面)	10	每错一项扣1.5分,缺一项扣2分		
8	精加工型孔(或型面)	10	每错一项扣1.5分,缺一项扣2分		
9	钻孔及攻螺纹	8	每错一项扣1分,缺一项扣1.5分		
10	精磨端面	8	每错一项扣1分,缺一项扣1.5分		
11	精修、研磨工件并检验	10	每错一项扣1.5分,缺一项扣2分		
12	时间安排合理	6	每超1 h扣1分		
13	安全文明生产	6	违者每次扣2分		

任务二　编制型芯的加工工艺

实训技能目标

(1) 通过制作型芯工作零件,掌握型芯常用的加工方法和制造工艺,熟悉制造工艺过程及测量、加工技术。

(2) 掌握各类机床、辅助工装的使用方法和使用性能。

(3) 熟知安全文明生产要求(确保产品的加工质量和正常的生产秩序)。

实训要求

(1) 辅助工具　90°角尺、直尺、装夹工具等。

(2) 工件备料　按图样尺寸要求选用锻件坯料。材料:45钢。

(3) 技术要求　硬度:26~30 HRC。

典型零件的加工工艺分析

型芯是塑料注射模具、塑料压制模具、金属压铸模具的重要工作零件,主要用于成形制件的内表面。与其他板类零件相比,型芯的固定部分形状相对简单,而成形部分大多较为复杂,往往是平面与曲面的结合,甚至全部为曲面。图 2-6 所示为塑料注射模具动模型芯结构图。

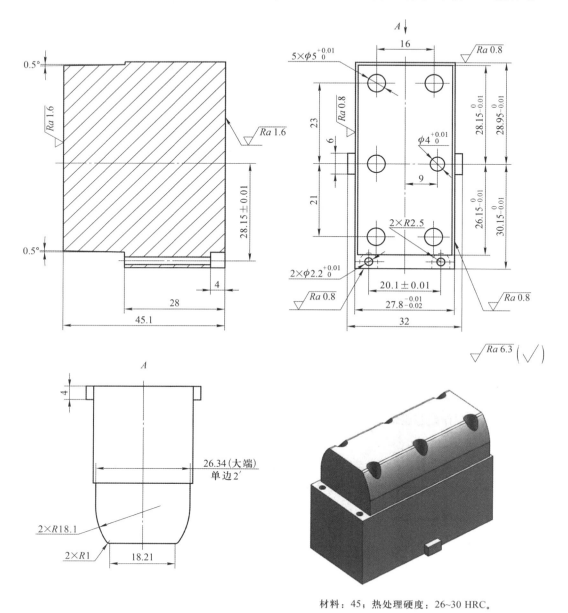

材料:45;热处理硬度:26~30 HRC。

图 2-6 塑料注射模具动模型芯

1. 型芯的工艺性分析

该零件是塑料注射模具动模型芯,采用整体式结构,零件外形表面尺寸为 59.1 mm × 45.1 mm × 32 mm,通过尾部的台阶与动模板固定在一起。零件的成形部分在上半部,长方向外表面设有单边 2°脱模斜度及与其相切的圆弧面,短方向设有单边 0.5°脱模斜度,顶端为平面。该部分用于成形制件的内表面,需要较低的表面粗糙度值。零件内部设有 5 mm 直径推杆孔五处及 4 mm 直径推杆孔一处。为保证推杆在成形过程中运动顺畅,所有推杆孔均应配钻并经铰削加工至尺寸。在高度为 28 mm 的固定部分的一端,设有中心距为 20.1 mm ± 0.01 mm 的芯杆固定孔。这组孔间有严格的孔距精度要求,必须保证。

型芯材料为 45 钢。

2. 加工方法及工艺方案比较

零件的加工方案为:备料—铣削—热处理—平磨—线切割—钳工划线—铣削—数控铣削—钳工划线—铣削—钳工钻削、铰孔、抛光、检验。

在具体加工过程中,零件的外形部分可以省去平磨后线切割形状与钳工划线、立铣出台阶的组合,直接经过钳工划线后立铣出来,但尺寸精度不及前者,后续留给钳工处理的过程也比较麻烦。

3. 工艺过程的制订

动模型芯加工工艺过程见表 2-3。

表 2-3　动模型芯加工工艺过程

工序号	工序名称	工 序 内 容
1	备料	将毛坯锻成平行六面体,保证各面有足够的加工余量
2	铣削加工	铣六面
3	热处理	调质,硬度 26～30 HRC
4	磨削加工	平磨上下两面达设计要求
5	电加工	线切割外形
6	钳工划线	划出台阶部分尺寸线
7	铣削加工	铣去多余部分,留出台阶
8	数控铣削	铣出成形部分 点出推杆孔位置 加工芯杆孔
9	钳工划线	划出芯杆孔台阶部分尺寸线
10	铣削加工	铣芯杆孔背部台阶槽
11	钳工	将动模型芯装入模板后,与支撑板、推杆固定板一起组合钻推杆孔 铰推杆孔 抛光
12	检验	

---

4. 机械加工工艺过程卡片的制订

动模型芯加工工艺过程卡片见表 2-4。

表 2-4　动模型芯加工工艺卡片

工 艺 过 程 卡								
模具编号		动模型芯		零件编号				
毛坯尺寸		59.1 mm×45.1 mm×32 mm		件数				1
工序号	工序名称	工序内容		定额工时	实做工时	制造人	检验	等级
1	备料	将毛坯锻成平行六面体,保证各面有足够的加工余量						
2	铣削加工	铣六面						
3	热处理	调质,硬度 26~30 HRC						
4	磨削加工	平磨上下两面达设计要求						
5	电加工	线切割外形						
6	钳工划线	划出台阶部分尺寸线						
7	铣削加工	铣去多余部分,留出台阶						
8	数控铣削	铣出成形部分 点出推杆孔位置 加工芯杆孔						
9	钳工划线	划出芯杆孔台阶部分尺寸线						
10	铣削加工	铣芯杆孔背部台阶槽						
11	钳工	将动模型芯装入模板后,与支撑板、推杆固定板一起组合钻推杆孔 铰推杆孔 抛光						
12	检验							
工艺员		时间	年　月　日	零件质量等级				

职业素养提升

两 个 铣 工

在数控加工还不普及的年代,每个钳工都希望自己的模具遇上好车工和好铣工,因为机加工的质量直接决定着模具的质量,也决定着钳工的后续工作量。在模具厂里,每套模具都要由钳工装配好,才能去试模。

在机加工车间里,有两个年龄相当的铣工,一个是小吉,另一个是小陈。小吉是个慢性子,走起路来总是四平八稳的,但活儿干得不慢,而且很细。和小吉相比,小陈总是风风火火的,干活儿极快,却也极糙。由于每套模具对位的铣工都是车间主任老赵事先派好的,所以钳工们并没有选择权。每当新模具下来,大家总要先看看牛皮纸袋外面写着的铣工名字。看见小吉的,嘴上不说,心里却不禁暗爽;而见到小陈的,就知道自己下个月会比较忙。

几年下来,不知不觉间,小吉比小陈高了两级。总是匆匆忙忙的小陈常常在人前人后有意无意地抱怨自己命不好,明明自己干活儿快、麻利,却没有像小吉一样赶上个当车间主任的师傅,而小吉却一如既往地笑眯眯、慢悠悠的。

有一件事小陈从来没有意识到,当钳工们把铣好的模具型芯等零件取回来的时候,和小吉对位的常常心情不错,而和自己对位的,却总是望着梯田般的型面发愁呢!

 实训报告

1. 实训题目

加工图 2-7 所示的塑料注射模具动模型芯。

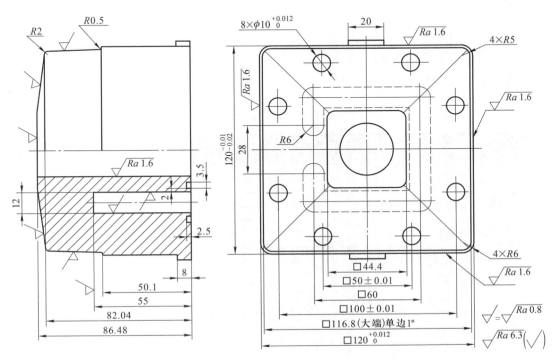

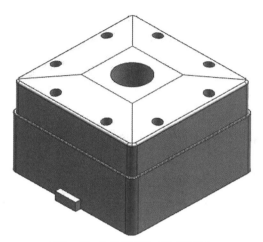

材料：45；热处理硬度：26~30 HRC。

图 2-7　塑料注射模具动模型芯

2. 实训报告格式

（1）封面。

（2）实训目标、要求。

（3）零件的工艺分析。

 实训成绩考评

（1）学生自检评定。

（2）指导教师综合评定。

型芯实训综合评定表见表 2-5。

表 2-5　型芯实训综合评定表

项次	项目与技术要求	配分	评 定 方 法	实测记录	得分
1	准备工作充分	5	检查评定		
2	加工方案设置合理,方案正确	7	设置不合理每处扣1分		
3	机床操作符合要求	6	按操作规程评定		
4	测量方法正确,尺寸控制合理	8	操作不符合要求每处扣1分		
5	磨平面	8	每错一项扣1分,缺一项扣1.5分		
6	线切割	8	每错一项扣1分,缺一项扣1.5分		
7	钳工划线、打排孔	8	每错一项扣1分,缺一项扣1.5分		

续　表

项次	项目与技术要求	配分	评　定　方　法	实测记录	得分
8	铣	10	每错一项扣 1.5 分,缺一项扣 2 分		
9	数控铣	10	每错一项扣 1.5 分,缺一项扣 2 分		
10	钻、铰孔	8	每错一项扣 1 分,缺一项扣 1.5 分		
11	抛光并检验	10	每错一项扣 1.5 分,缺一项扣 2 分		
12	时间安排合理	6	每超 1 h 扣 1 分		
13	安全文明生产	6	违者每次扣 2 分		

任务三　编制滑块、滑槽的加工工艺

实训技能目标

(1) 通过制作滑块、滑槽工作零件,掌握滑块、滑槽常用的加工方法和制造工艺,熟悉制造工艺过程及测量、加工技术。

(2) 掌握各类机床、辅助工装的使用方法和使用性能。

(3) 熟知安全文明生产要求(确保产品的加工质量和正常的生产秩序)。

实训要求

(1) 辅助工具　90°角尺、直尺、装夹工具等。

(2) 工件备料　按图样尺寸要求选用锻造坯料。材料:45 钢。

(3) 技术要求　硬度:热处理 40~45 HRC;滑块与滑槽配合:H8/ g7 或 H8/ h8。

典型零件的加工工艺分析

图 2-8 所示为侧型芯滑块结构图。

1. 滑块与滑槽的工艺性分析

滑块和斜滑块是塑料注射模具、塑料压制模具、金属压铸模具等广泛采用的侧向分型与抽芯导向的零件,其主要作用是侧孔或侧凹的分型及抽芯导向。工作时,滑块在斜导柱的驱动下沿着滑槽运动,开模后,在制件顶出之前,完成侧向分型或抽芯工作,使制件顺利带出。

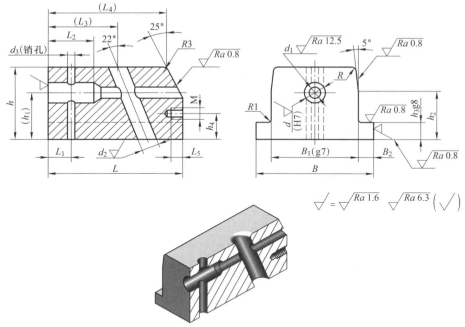

材料：45；热处理硬度：40~45 HRC；滑块与滑槽配合：H8/g7或H8/h8。

图 2-8　侧型芯滑块

由于模具不同,滑块的形状、大小各不相同,它可以与型芯制成整体式,也可以制成组合式。

滑块和斜滑块多为平面和圆柱面的组合。斜面、斜导柱孔和成形表面的形状、位置精度和配合要求较高。在加工过程中,除保证尺寸、形状精度外,还要保证位置精度;对于成形表面,还需要保证较小的表面粗糙度值。滑块与斜滑块的成形表面和导向表面要求有较高的硬度和耐磨性,常用材料为碳素工具钢和合金工具钢,锻制毛坯在精加工前要安排热处理以达到硬度要求。

侧型芯滑块是侧向抽芯机构的重要组成零件,注射成形和抽芯的可靠性由其运动精度保证。滑块与滑槽间的配合常选用 H8/g7 或 H8/h8,滑块材料常采用 45 钢或碳素工具钢,导滑部分可局部或全部淬硬,硬度为 40～45 HRC。

滑槽是滑块的导向装置。在模具侧向分型的抽芯运动中,要求滑块在滑槽内运动平稳,无上、下窜动和卡滞现象。滑槽有整体式和组合式两种,常用材料为 45 钢、T8、T10 等,结构比较简单,大多数由平面组成,可采用刨削、铣削和磨削等方法加工。

2. 加工方法及工艺方案比较

对于不同加工精度的滑块平面,有下列几种加工方案可供选择：

① 粗刨—粗磨(IT9～IT8,Ra 为 2.5～1.25 μm)。

② 粗刨—半精刨(IT10～IT8,Ra 为 10～2.5 μm)。

③ 粗刨—半精刨—精刨(IT8～IT7,Ra 为 2.5～0.63 μm)。

④ 粗刨—半精刨—精磨(IT6,Ra 为 1.25～0.16 μm)。

⑤ 粗铣—精铣(IT10～IT7, Ra 为 2.5～0.63 μm)。

⑥ 粗铣—精铣—粗磨—精磨(IT7～IT6, Ra 为 1.25～0.32 μm)。

⑦ 粗铣—精铣—粗磨—精磨—研磨(IT7～IT6, Ra 为 0.16～0.01 μm)。

3. 工艺过程的制订

侧型芯滑块加工工艺过程见表 2-6。

表 2-6　侧型芯滑块加工工艺过程

工序号	工序名称	工 序 内 容
1	备料	将毛坯锻成平行六面体,保证各面有足够的加工余量
2	铣削加工	铣六面
3	钳工划线	
4	铣削加工	铣滑块导滑面,留磨削余量; 铣各斜面达设计要求
5	钳工划线	去毛刺、倒钝锐边; 加工螺纹孔
6	热处理	
7	磨削加工	磨滑块导滑面达设计要求
8	镗型芯固定孔	将滑块装入滑槽内; 按型腔上侧型芯孔的位置确定侧滑块上型芯固定孔的位置尺寸; 按上述位置尺寸镗滑块上的型芯固定孔
9	镗斜导柱孔	用楔紧块将侧型芯滑块锁紧; 将动、定模板和楔紧块、滑块一起装夹在卧式镗床的工作台上; 按斜导柱孔的斜角偏转工作台,镗孔

4. 机械加工工艺过程卡片的制订

侧型芯滑块加工工艺过程卡片见表 2-7。

表 2-7　侧型芯滑块加工工艺过程卡片

工 艺 过 程 卡							
模具编号		侧型芯滑块		零件编号			
毛坯尺寸		65 mm×55 mm×45 mm		件数			1
工序号	工序名称	工 序 内 容	定额工时	实做工时	制造人	检验	等级
1	备料	将毛坯锻成平行六面体,保证各面有足够的加工余量					
2	铣削加工	铣六面					

续　表

工序号	工序名称	工　序　内　容	定额工时	实做工时	制造人	检验	等级
3	钳工划线						
4	铣削加工	铣滑块导滑面,留磨削余量; 铣各斜面达设计要求					
5	钳工划线	去毛刺、倒钝锐边; 加工螺纹孔					
6	热处理						
7	磨削加工	磨滑块导滑面达设计要求					
8	镗型芯固定孔	将滑块装入滑槽内; 按型腔上侧型芯孔的位置确定侧滑块上型芯固定孔的位置尺寸; 按上述位置尺寸镗滑块上的型芯固定孔					
9	镗斜导柱孔	用楔紧块将侧型芯滑块锁紧; 将动、定模板和楔紧块、滑块一起装夹在卧式镗床的工作台上; 按斜导柱孔的斜角偏转工作台,镗孔					
工艺员		时间 年 月 日		零件质量等级			

 职业素养提升

买　机　床

　　曲总是个特别精明的人。去年 3 月,经过百般调研之后,他买了一台品牌加工中心。为了拿到底价,他对厂家声称要采购 5 台以上,极大地吊起了销售人员的胃口,价格权限请示到了老总级别。为了对比不同厂家机床的性能,曲总要求几个厂家免费为他加工了多批模具零件。最终,才以试用为由暂时订购了一台机床。

　　机床安装调试后,如果符合出厂标准,一般就应该验收、付尾款了。这时,曲总提出了自己的意见:机床还没使用,不知道情况如何,没法验收。厂家的工程师们相信自己机床的质量,想着验收只是早晚的事,就也没着急催。

　　机床使用两个月后,曲总给厂家列出了一份问题清单,将加工期间发生的所有问题都归咎到机床上,认为机床不合格,剩下 10% 的尾款也不付了,还扬言要退机。这家机床厂不想再和曲总就这一台机床的事纠缠不清,决定停止服务支持。

　　不久,晚班学徒的操作工错将机床零点位置设错了,发生了严重事故,把机床的主轴撞坏了。曲总一气之下开除了操作工,要求厂家尽快过来维修机床。

　　机床厂得知事故原委后,告知人为撞机维修需要收费,还必须把机床尾款结清并预付维修款。曲总找来外面的维修人员,但品牌主轴根本修不了。万不得已,曲总只能把欠机床厂的尾款付了,还花了几十万费用去维修机床。

今年,曲总又想订一台机床。可是,他打了好几个电话,厂家不但不来,也不给他试加工了。买机床欢迎,必须先付全款再发货!

实训报告

做一做、议一议:

侧型芯滑块在模具中起什么作用?如何在工艺上保证其上的斜孔与模板上的导柱的角度一致?

1. 实训题目

加工如图2-9所示的组合式滑块。

2. 实训报告格式

(1) 封面。

(2) 实训目标、要求。

(3) 零件的工艺分析。

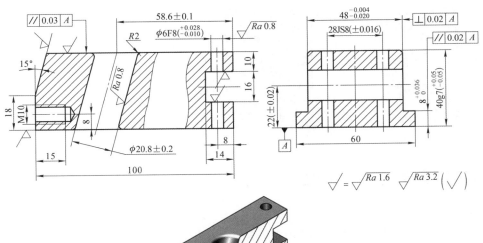

材料:T8A;热处理:54~58HRC。

图2-9　组合式滑块

实训成绩考评

(1) 学生自检评定。

（2）指导教师综合评定。

滑块实训综合评定表见表 2-8。

表 2-8　滑块实训综合评定表

项次	项目与技术要求	配分	评 定 方 法	实测记录	得分
1	准备工作充分	5	检查评定		
2	加工工艺设置合理,方案正确	7	设置不合理每处扣1分		
3	机床操作符合要求	6	按操作规程评定		
4	测量方法正确,尺寸控制合理	8	操作不符合要求每处扣1分		
5	车、磨平面	8	每错一项扣1分,缺一项扣1.5分		
6	钳工划线	8	每错一项扣1分,缺一项扣1.5分		
7	粗加工型孔(或型面)	10	每错一项扣1.5分,缺一项扣2分		
8	精加工型孔(或型面)	10	每错一项扣1.5分,缺一项扣2分		
9	钻孔及攻螺纹	8	每错一项扣1分,缺一项扣1.5分		
10	精磨端面	8	每错一项扣1分,缺一项扣1.5分		
11	精修、研磨工件并检验	10	每错一项扣1.5分,缺一项扣2分		
12	时间安排合理	6	每超1 h扣1分		
13	安全文明生产	6	违者每次扣2分		

任务四　编制细长杆的加工工艺

实训技能目标

（1）通过制作细长杆工作零件,掌握细长杆常用的加工方法和制造工艺,熟悉制造工艺过程及测量、加工技术。

（2）掌握各类机床、辅助工装的使用方法和使用性能。

（3）熟知安全文明生产要求(确保产品的加工质量和正常的生产秩序)。

实训要求

（1）辅助工具　90°角尺、直尺、装夹工具等。

(2) 工件备料　按图样尺寸要求选用锻造坯料。材料：CrWMn。

(3) 技术要求　硬度：热处理 45～50 HRC。

典型零件的加工工艺分析

图 2-10 所示为塑料模型芯结构图。

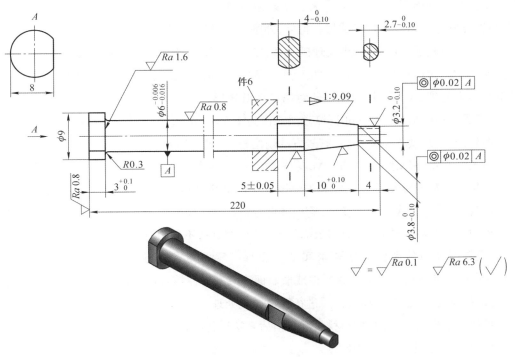

材料：CrWMn；热处理硬度：45~50 HRC。

图 2-10　塑料模型芯

1. 细长杆的工艺性分析

该零件是塑料模的型芯,从形状上分析,零件的长度与直径的比例超过 5：1,属于细长杆零件,但实际长度并不长,截面主要是圆形,在车削和磨削时应解决加工装夹问题。在粗加工车削时,毛坯应为多零件一件毛坯,既方便装夹,又节省材料。在精加工磨削外圆时,对于该类零件的装夹有三种基准形式,如图 2-11 所示。其中图 2-11a 是反顶尖结构,适用于外圆直径较小、长度较大的细长杆凸模、型芯类零件,$d < 1.5$ mm 时,两端做成 60° 的锥形顶尖,在零件

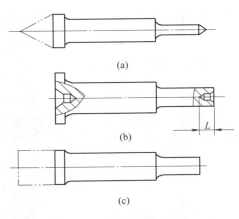

图 2-11　细长轴装夹基准形式

加工完毕后,再切除反顶尖部分。图 2‒11b 是加辅助中心孔结构,两端中心孔按 GB/T 4459.5—1999 要求加工,适用于外圆直径较大的情况。当 $d \geqslant 5$ mm 时,工作端的中心孔,根据零件使用情况决定是否加长,当零件不允许保留中心孔时,在加工完毕后,再切除附加长度和中心孔。图 2‒11c 是加长段在大端的做法,此时长径比不太大,介于图 2‒11a 和图 2‒11b 之间。

该零件是细长轴,从零件形状、尺寸精度以及零件要求进行淬火处理来看,加工方式主要是车削和外圆磨削,加工精度要求在外圆磨削的经济加工范围之内。零件要求有脱模斜度,也在外圆磨削时一并加工成形。另外,外圆几处磨扁处在工具磨床上完成。

该零件材料是 CrWMn,热处理硬度为 45～50 HRC,工作时在型腔内要承受熔融状塑料的冲击,要求有一定的韧性。长期工作时,零件不得发生脆性断裂和早期塑性变形,故要求进行淬火处理。CrWMn 材料属于锰铬钨系低变形合金工具钢,有较好的淬硬性(HRC≥60)和淬透性(油淬,$D = 30$～50),淬硬层深度为 1.5～3 mm。该材料有较好的强韧性,淬火时不易淬裂,并且变形倾向小,也有较好的耐磨性。CrWMn 材料在我国应用范围较广,应用时间较长。在锰铬钨系钢中,CrWMn 材料的综合性能并不算优良,国内外均趋于缩小使用范围。推荐代替的锰铬钨系钢材料有 MnCrWV 和 SiMnMo 钢。该零件作为细长轴类,在热处理时,不得有过大的弯曲变形,弯曲翘曲控制在 0.1 mm 之内。塑料模型芯等零件的表面要求耐磨、耐腐蚀,成形表面的表面粗糙度能长期保持不变,长期在 250℃工作时表面不氧化,并且要保证塑件表面质量要求和便于脱模。零件要求淬硬,成形表面粗糙度 Ra 为 $0.1~\mu m$,进行镀铬抛光处理。该零件成形表面在磨削时保持表面粗糙度 Ra 为 $0.4~\mu m$ 的基础上,进行抛光加工,在模具试压后进行镀铬抛光处理。

零件毛坯形式采用圆棒形材料,经下料后直接进行机械加工。

2. 加工方法及工艺方案比较

细长杆的加工方案为:备料—粗车(卧式车床)—热处理(淬火、回火)—检验(硬度、弯曲度)—研中心孔或反顶尖(车床、台式钻床)—磨外圆(外圆磨床、工具磨床)—检验—切顶台或顶尖(万能工具磨床、电火花线切割机床)—研端面(钳工)—检验。

3. 工艺过程的制订

细长杆加工工艺过程见表 2‒9。

表 2‒9 细长杆加工工艺过程

工序号	工序名称	工 序 内 容
1	下料	圆棒料 $\phi 12$ mm×250 mm
2	车削	按图样车削,$\phi 6$ mm 表面留双边余量为 0.3～0.4 mm,两端在零件长度之外做反顶尖
3	热处理	淬火、回火,硬度达到 45～50 HRC,弯曲≤0.1 mm

工序号	工序名称	工　序　内　容
4	车削	研磨反顶尖
5	外磨	磨削 Ra 为 1.6 μm 及以下表面,尺寸磨至中限范围,Ra 为 0.4 μm
6	车削	抛光 Ra 为 0.1 μm 外圆,达图样要求
7	电火花线切割	切去两端反顶尖
8	工具磨	磨扁 $2.7_{-0.10}^{0}$ mm、$4_{-0.10}^{0}$ mm 至中限尺寸及尺寸 8 mm
9	钳	抛光 Ra 为 0.1 μm 两扁处
10	钳	模具装配(试压)
11	电镀	试压后 Ra 为 0.1 μm 表面镀铬
12	钳	抛光 Ra 为 0.1 μm 表面
13	检验	

4. 机械加工工艺过程卡片的制订

细长杆加工工艺过程卡片见表 2-10。

表 2-10　细长杆加工工艺卡片

工　艺　过　程　卡									
零件名称	塑料模型芯		模具编号				零件编号		
零件材料	CrWMn		毛坯尺寸		ϕ12 mm×250 mm		件数		1
工序号	工序名称	工　序　内　容		定额工时	实做工时	制造人	检验	等级	
1	下料	圆棒料 ϕ12 mm×250 mm							
2	车削	按图样车削,ϕ6 mm 表面留双边余量为 0.3～0.4 mm,两端在零件长度之外做反顶尖							
3	热处理	淬火、回火,硬度达到 45～50 HRC,弯曲≤0.1 mm							
4	车削	研磨反顶尖							
5	外磨	磨削 Ra 为 1.6 μm 及以下表面,尺寸磨至中限范围,Ra 为 0.4 μm							
6	车削	抛光 Ra 为 0.1 μm 外圆,达图样要求							

续　表

工序号	工序名称	工 序 内 容	定额工时	实做工时	制造人	检验	等级
7	电火花线切割	切去两端反顶尖					
8	工具磨	磨扁 $2.7_{-0.10}^{0}$ mm、$4_{-0.10}^{0}$ mm 至中限尺寸及尺寸 8 mm					
9	钳	抛光 Ra 为 0.1 μm 两扁处					
10	钳	模具装配(试压)					
11	电镀	试压后 Ra 为 0.1 μm 表面镀铬					
12	钳	抛光 Ra 为 0.1 μm 表面					
13	检验						
工艺员		时间	年　月　日	零件质量等级			

 职业素养提升

一致性很重要

我在厂里做经理的时候,有过这样一件事。

一天,注射车间的一个领班来找我,说照相机镜头滑门模具有问题,要我去看一下。来到注射机前,我发现这是一套一模四腔的模具,其中一腔的产品容易出现凹痕。如果增大压力的话,另外三个又会出现划伤。我知道,这一定是四个模腔流动不平衡导致的。进一步检查发现,凹痕严重的那个型腔的进料推杆磨去的部分明显比其他三根少。我找到模具车间的生产主管,那个主管一听,立即摇头道,潜伏浇口是电火花机打出来的,进料推杆是四根一起磨出来的,不可能不一致。我把他拉到注射机旁边,他一看就不再坚持了,立即说:"把模具拆下来,送模具车间,我来安排!"一个小时不到,模具修好了。此后,这套模具在生产时再也没有出现过问题。

事后,模具车间主管告诉我,问题调查清楚了。一次夜班的时候,这套模具的一根进料推杆断了。模具送修换推杆时,修模师傅偷懒,没有把四根进料推杆拆下来一起磨,而是配了一根进料推杆在砂轮机上随手磨了一下就装上了,所以新装的推杆就跟原来的不一致了。他已经批评了那个修模的师傅,以后会注意,像进料推杆之类的地方,该一致必须一致,容不得半点马虎!

实训报告

 做一做、议一议：

细长杆在受力时容易发生什么样的变形？加工时应采用什么样的措施来保证加工精度？

1. 实训题目

加工如图 2-12 所示的芯杆。

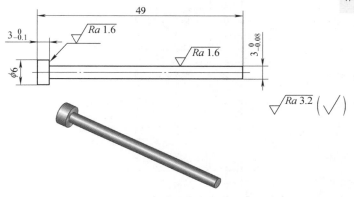

材料：45钢，去毛刺；淬火硬度：50~57HRC。

图 2-12 芯杆

2. 实训报告格式

（1）封面。

（2）实训目标、要求。

（3）零件的工艺分析。

实训成绩考评

（1）学生自检评定。

（2）指导教师综合评定。

细长杆实训综合评定表见表 2-11。

表 2-11 细长杆实训综合评定表

项次	项目与技术要求	配分	评定方法	实测记录	得分
1	准备工作充分	5	检查评定		
2	加工工艺设置合理，方案正确	7	设置不合理每处扣 1 分		
3	机床操作符合要求	6	按操作规程评定		

续　表

项次	项目与技术要求	配分	评定方法	实测记录	得分
4	测量方法正确,尺寸控制合理	8	操作不符合要求每处扣1分		
5	车、磨平面	8	每错一项扣1分,缺一项扣1.5分		
6	钳工划线	8	每错一项扣1分,缺一项扣1.5分		
7	粗加工型孔(或型面)	10	每错一项扣1.5分,缺一项扣2分		
8	精加工型孔(或型面)	10	每错一项扣1.5分,缺一项扣2分		
9	钻孔及攻螺纹	8	每错一项扣1分,缺一项扣1.5分		
10	精磨端面	8	每错一项扣1分,缺一项扣1.5分		
11	精修、研磨工件并检验	10	每错一项扣1.5分,缺一项扣2分		
12	时间安排合理	6	每超1 h扣1分		
13	安全文明生产	6	违者每次扣2分		

任务五　电极设计与制造

实训技能目标

(1) 通过制作电极工作零件,掌握电极常用的加工方法和制造工艺,熟悉制造工艺过程及测量、加工技术。

(2) 掌握各类机床、辅助工装的使用方法和使用性能。

(3) 熟知安全文明生产要求(确保产品的加工质量和正常的生产秩序)。

实训要求

(1) 辅助工具　90°角尺、千分表、装夹工具等。

(2) 工件备料　按图样尺寸要求选用锻造坯料。材料:纯铜。

典型零件的加工工艺分析

图2-13所示为电火花加工模具型腔用电极的结构图,其长度无严格要求。

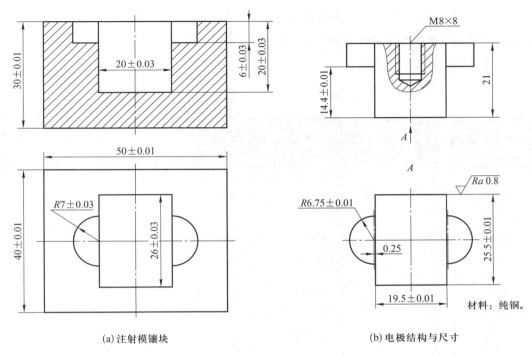

(a) 注射模镶块　　　　　　　　(b) 电极结构与尺寸

图 2-13　电极

1. 电极的工艺性分析

电极水平尺寸取 $b = 25$ mm，根据计算可知，平动量 $\delta_0 = 0.25$ mm $- \delta_{精} < 0.25$ mm。由于电极尺寸缩放量较小，因此用于基本成形的粗规准参数不宜太大。根据工艺数据库所存资料(或经验)可知，实际使用的粗加工参数会产生 1% 的电极损耗。因此，对应着型腔主体 20 mm 宽度与 R7 mm 搭子及型腔 6 mm 深度，电极长度之差不是 14 mm，而是 $(20 - 6) \times (1 + 1\%)$ mm $= 14.14$ mm。精修时尽管也有损耗，但由于两部分精修量一样，故不会影响两者深度之差。

电极制造应根据电极类型、尺寸大小、电极材料和电极结构的复杂程度等进行考虑，穿孔加工用电极的垂直尺寸一般无严格要求，而水平尺寸要求较高。对这类电极，若适合切削加工，可用切削加工方法粗加工和精加工，对于采用纯铜、黄铜等材料制作的电极，其最后加工可用刨削或由钳工精修来完成，也可采用电火花线切割加工来制作电极。电极的尺寸是根据所加工零件的大小与加工方式、加工时的放电间隙即电极消耗而确定的。电极材料为导电材料纯铜。

凹模型孔的加工精度与电极的精度和穿孔时的工艺条件密切相关。为了保证型孔的加工精度，在设计电极时，必须合理选择电极材料和确定电极尺寸。此外，还要使电极在结构上便于制造和安装。

(1) 电极材料

依据电火花加工原理，可以说任何导电材料都可以用于制作电极。但是，在生产中，应选择损耗小、加工过程稳定、生产率高、机械加工性能良好、来源丰富、价格低廉的材料作电极材料。常用的电极材料的种类和性能见表2-12,选择时应根据加工对象、工艺方法、脉冲电源的类型等因素综合考虑。

表2-12 常用的电极材料的种类和性能

电极材料	电火花加工性能		机械加工性能	说 明
	加工稳定性	电极损耗		
钢	较差	一般	好	在选择电参数时应注意加工的稳定性,可以凸模作电极
铸铁	一般	一般	好	
石墨	较好	较小	较好	机械强度较差,易崩角
黄铜	好	大	较好	电极损耗太大
纯铜	好	较小	较差	磨削困难
铜钨合金	好	小	较好	价格高,多用于深孔、直壁孔、硬质合金穿孔
银钨合金	好	小	较好	价格高,用于精密及有特殊要求工件的加工

(2) 电极结构

电极的结构应根据电极外形尺寸的大小与复杂程度、电极的结构工艺性等因素综合考虑。

① 整体式电极 整体式电极用一块整体材料加工而成,是最常用的结构形式,多用于横截面积及重量较大的电极,可在电极上开孔以减轻电极重量,但孔不能开通,孔口向上,如图2-14所示。

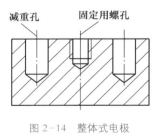

图2-14 整体式电极

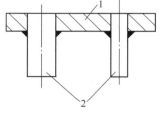

1—固定板;2—电极。

图2-15 组合式电极

② 组合式电极 当同一凹模上有多个型孔时,在某些情况下,可以把多个电极组合在一起(图2-15),一次穿孔可完成各型孔的加工,这种电极称为组合式电极。用组合式电极加工,生产率高,各型孔间的位置精度取决于各电极的位置精度。

③ 镶拼式电极 当形状复杂的电极整体加工有困难时,常将其分成几块分别加工,然

后再镶拼成整体,如图 2-16 所示。采用镶拼结构,既节省材料,又便于电极制造。

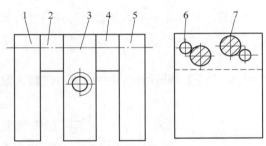

1、2、3、4、5—电极拼块;6—定位销;7—固定螺钉。

图 2-16　镶拼式电极

不论采用哪种结构,电极都应具有足够刚度,以利于提高加工过程的稳定性。对于体积小、易变形的电极,可将电极工作部分以外的截面尺寸增大以提高刚度。对于体积较大的电极,要尽可能减轻电极的重量,以减小机床的变形。电极与主轴连接后,其重心应位于主轴中心线上,这对于较重的电极尤为重要,否则会产生附加偏心力矩,使电极轴线偏斜,影响模具的加工精度。

(3) 电极尺寸

① 电极横截面尺寸的确定。垂直于电极进给方向的电极截面尺寸称为电极的横截面尺寸。在凸、凹模图样上的公差有不同的标注方法:当凸模与凹模分开加工时,在凸、凹模图样上均标注公差;当凸模与凹模配合加工时,落料模将公差标注在凹模上,冲孔模将公差标注在凸模上,另一个只标注公称尺寸。因此,电极横截面尺寸分别按下述两种情况计算。

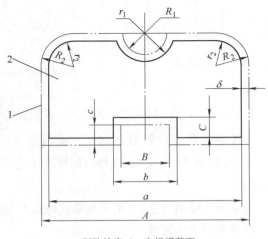

1—型孔轮廓;2—电极横截面。

图 2-17　按型孔尺寸确定电极的横截面尺寸

·当按凹模型孔尺寸和公差确定电极的横截面尺寸时,电极的轮廓应比型孔均匀地缩小一个放电间隙。如图 2-17 所示,与型孔尺寸相对应的电极尺寸为

$$a = A - 2\delta, b = B + 2\delta, c = C$$
$$r_1 = R_1 + \delta$$
$$r_2 = R_2 - \delta$$

式中:A、B、C、R_1、R_2 分别为型孔公称尺寸,单位为 mm;a、b、c、r_1、r_2 分别为电极横截面公称尺寸,单位为 mm;δ 为单边放电间隙,单位为 mm。

·当按凸模尺寸和公差确定电极的横截面尺寸时,随凸模、凹模间隙 Z(双面)的不同,分为三种情况:

配合间隙等于放电间隙($Z = 2\delta$)时,电极与凸模截面公称尺寸完全相同。

配合间隙小于放电间隙($Z < 2\delta$)时,电极轮廓应比凸模轮廓均匀地缩小一个数值,但形状相似。

配合间隙大于放电间隙($Z > 2\delta$)时,电极轮廓应比凸模轮廓均匀地放大一个数值,但形状相似。

电极单边缩小或放大的数值可用下式计算：

$$a_1 = \frac{|Z - 2\delta|}{2}$$

式中：a_1 为电极横截面轮廓的单边缩小或放大量；Z 为凸、凹模双边配合间隙；δ 为单边放电间隙。

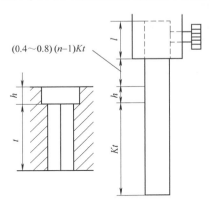

图 2-18　电极长度

② 电极长度的确定。电极的长度取决于凹模结构形式、型孔的复杂程度、加工深度、电极材料、电极使用次数、装夹形式及电极制造工艺等一系列因素，可按下式进行计算(图 2-18)：

$$L = Kt + h + l + (0.4 \sim 0.8)(n - 1)Kt$$

式中：t 为凹模有效厚度(电火花加工的深度)，单位为 mm；h 为当凹模下部挖空时，电极需要加长的长度，单位为 mm；l 为夹持电极而增加的长度(为 $10 \sim 20$ mm)；n 为电极的使用次数；K 为与电极材料、型孔复杂程度等因素有关的系数。

K 值选用的经验数据如下：紫铜为 $2 \sim 2.5$，黄铜为 $3 \sim 3.5$，石墨为 $1.7 \sim 2$，铸铁为 $2.5 \sim 3$，钢为 $3 \sim 3.5$。当电极材料损耗小、型孔简单、电极轮廓无尖角时，K 取小值；反之取大值。

当加工硬质合金时，由于电极损耗较大，所以其长度应适当加长，但总长不宜过长，否则会带来制造上的困难。

在生产上，为了减少脉冲参数的转换次数，简化操作，有时会将电极适当增长，并将增长部分的截面尺寸均匀减小，做成阶梯状，称为阶梯电极，如图 2-19 所示。阶梯部分的长度 L_1 一般取凹模加工厚度的 1.5 倍左右，阶梯部分的均匀缩小量 $h_1 = 0.10 \sim 0.15$ mm。对阶梯部分不便进行切削加工的电极，常用化学浸蚀方法将断面尺寸均匀缩小。

③ 电极横截面的尺寸公差一般取模具刃口相应尺寸公差的 $1/2 \sim 2/3$。电极在长度方向上的尺寸公差没有严格要求。电极侧面的平行度误差在 100 mm 长度上不超过 0.01 mm。电极工作表面的粗糙度值不大于型孔的要求。

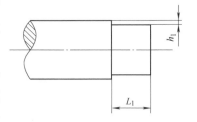

图 2-19　阶梯电极

2. 加工方法及工艺方案比较

型腔电极的加工方法主要由型腔电极所选用的材料、型腔的精度和数量来确定。电极可以采用机械加工配合钳工修光的方法，也可采用电火花线切割加工方法，图 2-13 所示的电极由于有两个半圆的搭子，所以一般采用电火花线切割来加工。

3. 工艺过程的制订

电极加工工艺过程见表 2-13。

表 2-13 电极加工工艺过程

工序号	工序名称	工 序 内 容
1	备料	
2	刨削	刨削上、下面
3	划线	
4	螺孔	加工 M8×8 的螺孔
5	电火花线切割加工	按水平尺寸用电火花线切割加工
6	电火花线切割半圆及主体	按图示方向前后转动 90°,用电火花线切割加工两个半圆及主体部分长度
7	钳工修整	
8	检验	

4. 机械加工工艺过程卡片的制订

电极加工工艺过程卡片见表 2-14。

表 2-14 电极加工工艺过程卡片

工 艺 过 程 卡								
零件名称	电极	模具编号				零件编号		
零件材料	纯铜	毛坯尺寸	40 mm×32 mm×26 mm			件数		1
工序号	工序名称	工 序 内 容		定额工时	实做工时	制造人	检验	等级
1	备料							
2	刨削	刨削上、下面						
3	划线							
4	螺孔	加工 M8×8 的螺孔						
5	电火花线切割加工	按水平尺寸用电火花线切割加工						
6	电火花线切割半圆及主体	按图示方向前后转动 90°,用电火花线切割加工两个半圆及主体部分长度						
7	钳工修整							
8	检验							
工艺员		时间	年 月 日	零件质量等级				

职业素养提升

师傅与徒弟

在模具厂的电加工车间里,有四台电火花加工机床。除了三台成色比较一般的国产机外,还有一台新进不久的日本沙迪克,算是厂里最贵的设备了。

操作电火花加工机床的主要是两个人,张师傅和她的徒弟小刘。电火花加工机床的操作并不算难,所以小刘干了没多久,几台机床就都能开了。任务不多的时候,张师傅负责开沙迪克和三号机,而小刘负责一号机和二号机。忙起来的时候,师徒俩两班倒,基本就不分谁的机器了。但是,重要的活儿一般都在张师傅的班上干,而到了小刘班上,剩下的基本都是比较简单的活儿了。起初,这件事对于两个人来说很正常。师傅干得多,奖金也拿得多;徒弟干得少,奖金也少。但是,时间久了,小刘渐渐有了想法,开始和师傅闹了点不愉快。同样是按电钮,你会的现在我也都会了,我也想多挣奖金呀!

不久,师傅去医院动了个手术,要休息半个月。虽然这段日子活儿不算多,但对于小刘来说,机会终于来了。他有条不紊地安排着手里的活儿,觉得没有什么是自己干不了的。这天,钳工老谢把机壳模具的型腔搬了过来,提出了要求。小刘看了一眼,起初觉得没什么,可仔细一想,就发现问题了:打吧,自己没把握。不打吧?又说不过去。

正当小刘发愣的时候,师傅的电话过来了。一番交代之后,小刘顺利地把老谢的工件打上了。原来,车间主任老赵知道老谢的这个型腔很重要,怕小刘拿不准,就给还在住院的张师傅打了电话。

几天后,张师傅出院了,工作和生活又恢复了以往的节奏。对于师傅,现在的小刘似乎没有之前那么大的怨气了。通过加工这个型腔,他认识到一个问题:师傅终究是师傅,自己无论从经验上还是技术上,都和师傅差了不少呢。电火花加工,并不只是按电钮那么简单。

做一做、议一议:

不论是整体式电极还是拼合式电极,在加工过程中,都应使石墨的压制时的施力方向与电火花加工时的进给方向垂直。能不能说出其中的道理?

实训报告

1. 实训题目

加工电极定子凸、凹模时,由于配合间隙较小,对凸模和相应的凹模型孔的制造公差要求比较严,使用常规的配作存在一定的难度,一般采用凸模(图 2-20)作电极对凹模型孔异形槽进行电火花加工。

2. 实训报告格式

(1) 封面。

(2) 实训目标、要求。

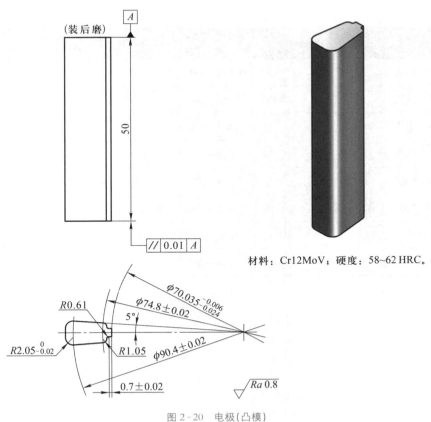

材料：Cr12MoV；硬度：58~62 HRC。

图 2-20　电极(凸模)

(3) 零件的工艺分析。

 实训成绩考评

(1) 学生自检评定。

(2) 指导教师综合评定。

电极实训综合评定表见表 2-15。

表 2-15　电极实训综合评定表

项次	项目与技术要求	配分	评 定 方 法	实测记录	得分
1	准备工作充分	5	检查评定		
2	加工工艺设置合理,方案正确	7	设置不合理每处扣1分		
3	机床操作符合要求	6	按操作规程评定		
4	测量方法正确,尺寸控制合理	8	操作不符合要求每处扣1分		

续　表

项次	项目与技术要求	配分	评　定　方　法	实测记录	得分
5	车、磨平面	8	每错一项扣1分,缺一项扣1.5分		
6	钳工划线	8	每错一项扣1分,缺一项扣1.5分		
7	粗加工型面	14	每错一项扣1.5分,缺一项扣2分		
8	精加工型面	14	每错一项扣1.5分,缺一项扣2分		
9	精磨端面	8	每错一项扣1分,缺一项扣1.5分		
10	精修、研磨工件并检验	10	每错一项扣1.5分,缺一项扣2分		
11	时间安排合理	6	每超1 h扣1分		
12	安全文明生产	6	违者每次扣2分		

项目三
热锻模零件的机械加工工艺

任务一　编制热锻模模座的加工工艺

实训技能目标

（1）通过制作热锻模模座，掌握热锻模模座的常用加工方法和制造工艺，熟悉热锻模模座的制造工艺过程及测量、加工技术。

（2）掌握各类机床、辅助工装的使用方法和性能。

（3）熟悉安全文明生产要求。

实训要求

（1）辅助工具　游标卡尺、内径千分表、外径千分尺、什锦锉、细砂纸、装夹工具等。

（2）工件备料　按图样尺寸要求选用锻造坯料。材料：模座铸钢件毛坯。

（3）技术要求　正火。

典型零件的加工工艺分析

锻模模架由导向装置和支承零件组成，其作用是把模具的零件连接起来，并保证模具的工作部分在工作时有准确的相对位置。尽管各种模架结构不同，但它们的支承零件（如模座、垫板等）都是平面零件，在工艺上主要都需要进行平面和孔系加工。模架中导向装置的导柱、导套是机械加工中常见的套类和轴类零件，加工方法与前述冲裁模的导柱、导套类似。这里只讨论模座的机械加工工艺。

模座的加工技术要求为：模座的上下平面应保持平行；模座上的导柱、导套孔必须与基准面垂直；模座上的未注尺寸公差为 IT14；模座的上下工作表面精磨后的表面粗糙度为 $Ra\,1.6\sim0.4\ \mu m$，其余面为 $Ra\,6.3\sim3.2\ \mu m$。

模座的加工重点为工作平面和孔系。加工过程中应该遵循"先面后孔"的原则，即先加工平面，然后再以平面为基准加工孔系。

　　模座的毛坯经过刨削或铣削加工后,对平面进行磨削,这样可以提高模座平面的平面度和上下平面的平行度,同时还易于保证孔轴线与模座上下平面的垂直度要求。

　　模座的孔系可根据加工要求和现场条件,在镗床、铣床或摇臂钻床、数控铣床上用坐标法或用夹具引导法进行加工。为了保证导柱、导套的孔距尺寸一致,在镗孔时一般要将上下模座重叠在一起,一次装夹同时镗出上下模座的导柱、导套安装孔。

　　图 3-1 为一模架的上模座零件图,材料为铸钢,正火处理。

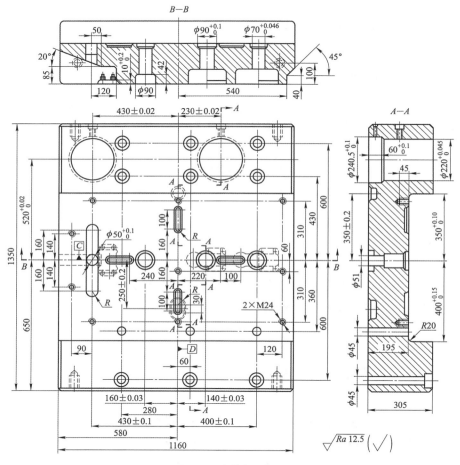

图 3-1　上模座零件图

　　其基本加工工艺过程见表 3-1。

表 3-1　上模座加工工艺过程

工序号	工序名称	工 序 内 容
1	毛坯准备	铸造(或锻造),不允许有夹渣、裂纹和缩孔、疏松等缺陷
2	热处理	正火,去应力,降低硬度,便于加工

续　表

工序号	工序名称	工　序　内　容
3	钳工划线	划外形加工位置线
4	粗铣（或刨削）	铣或刨毛坯前后左右平面及上下平面,表面粗糙度为 $Ra12.5\ \mu m$。上下平面留 0.15 mm单面加工余量
5	钻孔	钻 2 个螺钉通孔及沉孔、顶杆孔、导柱导套孔,表面粗糙度为 $Ra6.3\ \mu m$,导柱导套孔留加工余量 2 mm
6	磨	磨上下平面,表面粗糙度为 $Ra1.6\ \mu m$,上下平面平面度公差为 0.06 mm
7	镗孔	镗导柱导套孔,表面粗糙度为 $Ra0.8\ \mu m$。上下模座配对加工,并保证同轴及孔轴线相对模座平面的垂直度要求
8	检验	按图样要求检验

 职业素养提升

在高倍显微镜下"磨刀"的人

2016 年 6 月 25 日 20 点,长征七号火箭在海南文昌航天发射中心首次升空。长征七号火箭是中国载人航天工程为发射货运飞船而研制的新一代运载火箭,它的一飞冲天,创造了中国航天史的多项第一。

2016 年 5 月,在长征七号火箭的总装车间里,数以万计的火箭零部件来自全国各地,它们在这里集结,经过严格的组合测试,然后被运送到海南文昌发射场组装。在所有零部件中,有一个部件需要进行特别处理,这就是长征七号火箭的惯性导航组合。

在航天科技集团九院的车间里,铣工李峰正在工作。在他的工作模式里,速度不来自表面的急促紧迫,而源于每一个工作行为的准确有效。在他心里,一丝不苟、精益求精已经成为信仰。李峰加工的部件是火箭"惯组"中的加速度计。如果说"惯组"是长征七号的重中之重,加速度计就是"惯组"的重中之重。惯组器件每减少 1 微米变形,就能缩小火箭在太空中几千米的轨道误差。1 μm 大约是头发丝直径的七十分之一,是目前人类机械加工技术难以靠近的精度,而李峰却用他灵巧的双手创造了一个又一个神话。

在高倍显微镜下手工精磨刀具是李峰的绝活。磨制刀具时,李峰心细如发、探手轻柔。这时,他所有的功力都汇聚在手上。看李峰借助 200 倍放大镜手工磨刀才会让人明白,为什么在中文里工匠的技能被称为"手艺"。

磨刀具的李峰,就是用他那一双看似慢条斯理却又精巧灵动的手,一面拨轮、一面按刀,以无穷的耐心磨下去。与金刚石同等硬度的刀具逐渐呈现出所需的锐度和角度,这是真正的以柔克刚。

李峰在 20 岁刚进厂时就被分配为铣工。26 年里,他只干过这一个工种。显然,铣工将是他坚守一辈子的行当。李峰的父亲李发祥也在这个厂里干了一辈子,30 多年的磨工生涯让他成为厂里成品率最高、返工率最少的冠军。后来,儿子从父亲手里接过了这个无形的"冠军"奖杯。

工匠们的手上积淀着他们的技艺磨砺、心智淬炼和人生阅历,如同参天大树的年轮,记载着大树所承接的日月风霜。

 做一做、议一议:

模座上的导销或锁扣起什么作用?加工时,如何在工艺上保证上下模座的相对位置准确?

实训报告

1. 实训题目

制订下模座工艺流程并进行加工。

图 3-2 为下模座的零件图。

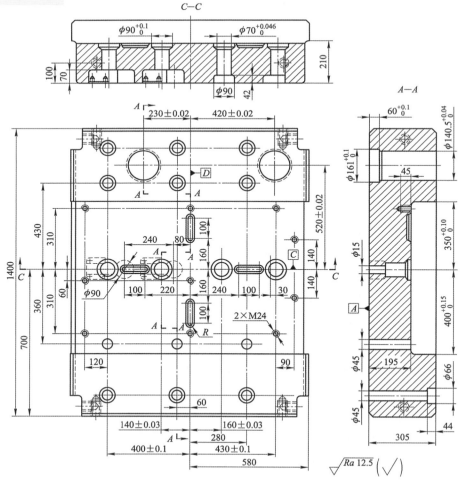

图 3-2 下模座零件图

2. 实训报告格式

(1) 封面。

(2) 实训目标、要求。

(3) 零件的工艺分析。

实训成绩考评

(1) 学生自检评定。

(2) 指导教师综合评定。

下模座实训综合评定表见表 3 - 2。

表 3 - 2　下模座实训综合评定表

项次	项目与技术要求	配分	评 定 方 法	实测记录	得分
1	工艺流程的制订合理	15	检查评定		
2	准备工作充分	5	检查评定		
3	机床操作符合要求	5	按操作规程评定		
4	测量方法正确、合理	5	操作不符合要求每项扣 1 分		
5	铣(刨)粗加工	5	每错一项扣 1 分,缺一项扣 0.5 分		
6	划线	5	每错一项扣 1 分,缺一项扣 0.5 分		
7	镗孔加工	15	每错一项扣 2 分,缺一项扣 1 分		
8	钳工加工(划线、钻孔)	10	每错一项扣 2 分,缺一项扣 1 分		
9	制品质量	10	检查评定		
10	工作安排合理、有序	10	检查评定		
11	合作精神	5	检查评定		
12	安全文明生产	10	检查评定		

任务二　编制热锻模模块的加工工艺

实训技能目标

(1) 通过制作热锻模模块,掌握热锻模模块的常用加工方法和制造工艺,熟悉热锻模模块的制造工艺过程及测量、加工技术。

(2) 掌握各类机床、辅助工装的使用方法和性能。

(3) 熟悉安全文明生产要求。

 实训要求

(1) 辅助工具　游标卡尺、内径千分表、外径千分尺、什锦锉、细砂纸、装夹工具等。

(2) 工件备料　按图样尺寸要求选用锻造坯料。材料：5CrNiMn 锻件。

(3) 技术要求　退火。

 典型零件的加工工艺分析

锻模模块是热锻模的主要工作零件,其加工质量将直接影响产品制件的质量和模具的工作寿命。加工的关键工序是模膛的加工和最终热处理。

模膛的加工一般先粗加工,留精加工余量,热处理后进行精加工或钳工修整。常用模膛加工方法见表 3-3,精密锻模典型工艺见表 3-4。

表 3-3　常用模膛加工方法

加工方法	说　　明	适　用　场　合
立铣加工	划线粗铣大部分余量,再用球头铣刀沿划线粗铣,最后再精铣,小型模具留修磨余量,大型模具留精铣余量,热处理后再精铣修正。铣削顺序:先深后浅。尺寸控制方法:水平靠线,垂直深度靠样板	形状不太复杂、精度要求较低的锻模或设备条件较差的工厂
仿形铣加工	划线,做靠模,中小型模具精铣留修光余量,大型模具留精铣余量,热处理后精铣、修磨。粗铣用大直径球头刀,精铣用小型球头铣刀。小于等于槽底圆角尺寸,斜角小于等于出模角。仿形铣应与刀具形状相同,重量不超过规定重量	形状较复杂、无窄槽模具的加工
电火花加工	要求电极损耗小,蚀除量大,采取相应的排屑方法,由于加工表面(几十微米)极硬,内应力极大,且有明显的脆裂倾向,必须除去。电火花加工后进行一次回火处理,消除应力,方便钳工精修。对大型模具加工余量较大时,在电火花加工前可进行适当的切削加工,以减少加工余量,提高效率	形状较复杂、分模面为平面的精度较高的模具加工、线切割
电火花线切割	毛坯加工后热处理,切割通孔型腔或定位孔	加工样板、冲切模、镶块孔等
电解加工	电解加工用的工具电极为钢制,并可利用废旧模具反拷再加钳工修整制成。电解加工工艺参数不易确定。电解加工效率高。尺寸精度高,表面粗糙度值低	适合加工较陡的模膛,且变化曲率不大,批量较大

加工方法		说 明	适 用 场 合
压力加工	热反印法	将模块加热到锻造温度后,用准备好的模芯压入模块,模块退火后刨分型面、铣飞边槽,淬火后修整打光。模芯可用零件修磨而得,形状复杂、精度较高的另做模芯。一般热压时,除上下对压外,还要压四个侧面。型面粗加工后再压一次,以消除分型处四角存在的问题	适合于小批生产或新产品试制。方法简便、周期短、成本低
	开式冷挤压	冲头直接挤压坯料,坯料四周不受限制,挤压后型面需加工	适合精度要求不高或深度较浅的多型模腔,或分模为平面的模腔
	闭式冷挤压	挤压时坯料外加钢套限制金属流向,保证模块金属与冲头吻合。模腔轮廓清晰,表面粗糙度值很低	适合于单模腔精度要求较高的场合
精密铸造		可制造难加工材料模具,制模周期短、材料利用率和回收率高,便于模具复制,精度较高	用于大型精密模具批量生产及难加工材料锻模的制造

表 3-4 精密锻模典型工艺

类别 工艺	木模—陶瓷型	熔模—陶瓷型	熔模—壳型	电渣重熔精铸
模型准备	根据锻模尺寸制造木模或金属模样	根据锻模尺寸设计和制造熔模(蜡模)		按锻模几何形状设计制造金属结晶器
造型材料或熔渣准备	耐火材料:石英砂、刚玉砂或铝矾土中任一种; 黏结剂:硅酸乙酯、硅溶胶或水玻璃中任一种; 催化剂:碱性氧化物 Al_2O_3 或 CaO		钢玉粉 硅酸乙酯 盐酸	石英砂 树脂 鸟洛托品	二元或三元渣组成:Al_2O_3、$CaF_2 \cdot CaO$
制备砂套或准备电极	用普通铸钢造型材料,按一般造型工艺方法制作砂套				锻制或铸造自耗电极
制模工艺	1. 配制陶瓷型浆料; 2. 灌浆; 3. 起模; 4. 喷烧; 5. 焙烧; 6. 合箱; 7. 浇注; 8. 清理		1. 配制涂料; 2. 制壳; 3. 熔烧; 4. 浇注; 5. 清理	1. 混砂; 2. 制壳: 清理型板→型板预热→喷涂分型剂→制壳→顶壳; 3. 合箱; 4. 浇注; 5. 清理	1. 引入液体熔渣或引弧化渣; 2. 重熔金属电极铸模; 3. 起模缓冷
热处理	铸件退火			
特点	陶瓷型化学稳定性好,变形小,表面粗糙度值小		表面光洁、精度高、效率高、经济性好,适于大批量生产小型锻模	设备简单,生产周期短,金属纯度高,组织致密,适于大批量生产小型锻模
	适于单件、小批生产大中型锻模	适于大批量生产中、小型锻模		

图 3-3 为十字轴锻件结构图,材料为 20CrMnB 钢。图 3-4 为十字轴终锻模具图。

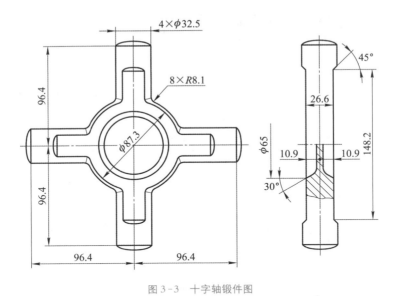

图 3-3　十字轴锻件图

它的上、下模镶块为其主要工作零件。上模镶块的加工工艺过程见表 3-5。

表 3-5　上模镶块加的加工工艺过程

工序号	工序名称	工　序　内　容
1	毛坯准备	铸造(或锻造),不允许有夹渣、裂纹和缩孔、疏松等缺陷
2	热处理	正火,去应力,降低硬度,便于加工
3	钳工划线	划外形加工位置线
4	粗铣(或刨削)	铣或刨毛坯前后左右平面及上下平面,表面粗糙度为 $Ra12.5\ \mu m$。上下平面留 0.15 mm 单面加工余量
5	钻孔	钻 4 个紧固螺钉通孔及沉孔、顶杆孔,表面粗糙度为 $Ra6.3\ \mu m$
6	磨	磨上下平面,表面粗糙度为 $Ra1.6\ \mu m$,上下平面平面度公差为 0.06 mm
7	数控铣	铣模腔,留 0.05 mm 加工余量
8	修整	钳工修整
9	热处理	淬火,并及时回火
10	修整抛光	钳工修整抛光模腔
11	磨	平磨支承面
12	检验	按图样要求检验

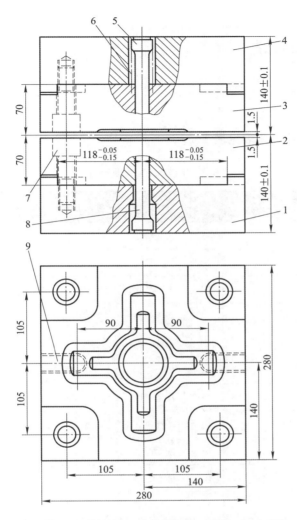

1—下模;2—下模镶块;3—上模镶块;4—上模座;5—上顶杆;
6—回位弹簧;7—紧固螺钉;8—下顶杆;9—定位键。

图3-4　十字轴终锻模具图

 实训报告

1.实训题目

加工图3-4中的下模镶块。

2.实训报告格式

(1) 封面。

(2) 实训目标、要求。

(3) 零件的工艺分析。

👁 **做一做、议一议:**

　　模膛型腔的最终表面加工有哪几种常用方法?通常用什么方法检测其质量?

实训成绩考评

(1) 学生自检评定。

(2) 指导教师综合评定。

下模镶块实训综合评定表见表 3-6。

表 3-6　下模镶块实训综合评定表

项次	项目与技术要求	配分	评 定 方 法	实测记录	得分
1	工艺流程的制订合理	15	检查评定		
2	准备工作充分	5	检查评定		
3	机床操作符合要求	5	按操作规程评定		
4	测量方法正确、合理	5	操作不符合要求每项扣 1 分		
5	铣(刨)粗加工	5	每错一项扣 1 分,缺一项扣 0.5 分		
6	划线	5	每错一项扣 1 分,缺一项扣 0.5 分		
7	模腔加工	15	每错一项扣 2 分,缺一项扣 1 分		
8	钳工加工(划线、钻孔)	10	每错一项扣 2 分,缺一项扣 1 分		
9	制品质量	10	检查评定		
10	工作安排合理、有序	10	检查评定		
11	合作精神	5	检查评定		
12	安全文明生产	10	检查评定		

项目四
铝合金挤压模零件的机械加工工艺

任务一　编制铝合金挤压模零件的加工工艺

 实训技能目标

（1）通过制作挤压模上模、中模、下模，掌握挤压模的常用加工方法和制造工艺，熟悉挤压模的制造工艺过程及测量、加工技术。

（2）掌握各类机床、辅助工装的使用方法和性能。

（3）熟悉安全文明生产要求。

 实训要求

（1）辅助工具　游标卡尺、内径千分表、外径千分尺、什锦锉、细砂纸、装夹工具等。

（2）工件备料　按图样尺寸要求选用锻造坯料。材料：4Cr5MnSiV 模具钢。坯料尺寸：上模为 $\phi175$ mm×100 mm，中模为 $\phi175$ mm×55 mm，下模为 $\phi175$ mm×45 mm。

（3）技术要求　淬火硬度为 48～52 HRC。

 典型零件的加工工艺分析

由于铝合金挤压模是安装在挤压机的压筒上工作的，所以挤压模大多是圆盘状外形。挤压模的基本加工方法主要有冷加工法（机械加工法）、电加工法（电火花和线切割加工等）和热加工法（热处理和表面处理等）三种。实际工作中三种方法要穿插进行。

比较典型的工艺流程如下：

备料→坯料复检（锻造毛坯的超声探伤）→粗车外形→铣印口→划模具中心线、型孔线→钻工艺孔→热处理→磨两端面→精车外形→划模具型孔中心线→电火花线切割工作带→电火花加工出口带→修整孔型→与相关件配合（或组装）→检验。

图 4-1 所示为一副铝合金挤压组合模结构图，图 4-2 为它加工的制件截面图。模具材料

为 4Cr5MnSiV,要求的淬火硬度为 48～52 HRC,钳工整形。模具的最大外径为 $\phi 160$ mm,上下模配合止口的配合尺寸为 $\phi 150$ mm,型孔壁厚为 1 mm,模腔流道表面粗糙度为 $Ra0.8$ μm。

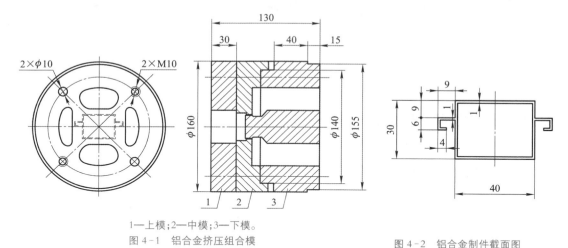

1—上模;2—中模;3—下模。

图 4-1　铝合金挤压组合模

图 4-2　铝合金制件截面图

这是一副典型组合挤压模,加工的重点是上模和中模,加工的重要部位是金属的流道和工作带,重要工序是型腔和工作带的加工以及热处理等。

图 4-3 所示为上模零件图。以上模为例,可以采用的加工工艺流程有以下几种:

① 备料→锻造→热处理→粗车外形→划模具中心线、流道线、孔线→粗加工流道→钻孔→热处理→磨两端面→精车外形→电火花加工流道及工作带→抛光、修整流道→与相关件配合修整工作带→表面氮化处理→检验。

② 备料→锻造→热处理→粗车外形→划模具中心线、流道线、孔线→粗加工流道→钻孔→数控加工流道和工作带→热处理→精车外形→修整流道及工作带→与相关件配合修整

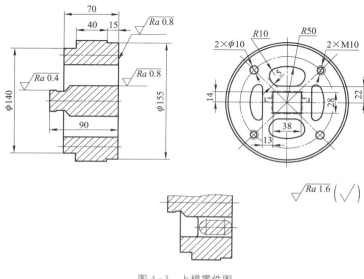

图 4-3　上模零件图

工作带→表面氮化处理→检验。

③ 备料→锻造→热处理→粗车外形→划模具中心线、流道线、孔线→粗加工流道→钻孔→仿形铣加工流道及工作带→磨两端面→精车外形→修整、抛光流道→与相关件配合修整工作带→表面氮化处理→检验。

这三种工艺流程都是可行的,在实际施工过程中要根据具体情况选择。在执行流程①时要注意的是电极的设计要合理,制造尺寸要准确,加工时要反复核对基准。这种方法的优点是没有最终热处理的影响,模具变形小;不利的是要求电极的数量比较多,加工工序多,检验过程也比较复杂。在模具的生产批量大时可以考虑用这种方法。流程②用数控加工流道和工作带,精度得到保证,但热处理的变形值得注意。要严格控制热处理工艺,控制加热温度。热处理完毕要立即进行回火,还要进行一次检验。流程③在加工设备受限的情况下采用,在模具为单件生产时是可行的。

上模常用加工工艺过程见表 4-1。

表 4-1　上模常用加工工艺过程

工序号	工序名称	工　序　内　容
1	备料	锯床下料,ϕ150 mm×138 mm
2	锻造	锻成 ϕ175 mm×100 mm
3	热处理	退火
4	粗车	粗车至 ϕ165 mm×95 mm
5	划线	划流道轮廓、工作带、孔位置线
6	钻孔	钻 2 个螺钉通孔及沉孔、钻 2 个销孔
7	立铣	粗铣流道轮廓、工作带
8	数控加工	数控铣加工流道轮廓、工作带,留余量 0.1 mm
9	钳工整形	钳工修整没加工到的部位,对样板、去毛刺
10	热处理	淬火、回火,保证硬度 48～52 HRC
11	精车	精车外形到位,精车配合止口和端面
12	流道整形	钳工修磨、抛光流道、对样板检查
13	工作带整形	与下模装在一起,修磨、抛光工作带,保证型腔尺寸
14	表面处理	表面氮化处理
15	检验	检验

职业素养提升

让人佩服的"顾两丝"

中国船舶重工的钳工顾秋亮的绝活在手上。他凭借精到丝级的手艺,为海底探索者

7 000 米级潜水器"蛟龙号"安装特殊的"眼睛"。他安装的"眼睛"可以承受海底每平方米数千吨的压力,在无底黑暗中神光如炬。

深海一直是人类知之甚少的世界。2012 年 7 月,中国的蛟龙号深海潜水器来到了地球上最深的马里亚纳海沟,这里的深度是 11 034 m。蛟龙号的观察窗与海水直接接触。面积大约 0.2 m² 的窗玻璃此刻承受的压力有 1 400 t。而观察窗的玻璃与金属窗座是异体镶嵌,如果两者贴合的精度不够,窗玻璃处就会产生渗漏。安装蛟龙号观察窗玻璃的时候,顾秋亮必须把玻璃与金属窗座之间的缝隙控制在 2 μm 以下,这是不容降低的设计要求。顾秋亮和工友们把安装的精度标准视为生命线。2 μm,约为一根头发丝直径的五十分之一,这么小的安装间隙却不能用任何金属仪器接触测量。因为观察窗玻璃一旦摩擦出细小的划痕,在深海的重压之下,就可能成为引发玻璃爆裂的起点。

靠眼睛的观察和手上的触摸感觉,能够判断一根头发丝直径五十分之一的 2 μm 误差,这的确是神技。不仅如此,即便是在摇晃的大海上,顾秋亮纯手工打磨维修的蛟龙号密封面平整度也能控制在 20 μm 以内。10 μm 俗称 1 丝,因此,人们称呼他为"顾两丝"。

为了练成独门绝技,顾秋亮把一块块铁板用手工逐渐锉薄,在铁板一层层变薄的过程中,用手不断捏捻搓摸,训练手对厚薄的精准感受力。手指上的纹理磨光了,但这双失去纹理的手,却成了心灵感知力的精准延伸器。

 做一做、议一议:

在挤压模具中,安排了数次热处理过程,为什么要有这些热处理过程?各个热处理的作用是什么?

实训报告

1. 实训题目

加工图 4-4 所示的下模。

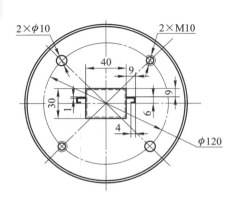

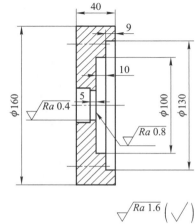

图 4-4　下模零件图

2. 实训报告格式

(1) 封面。

(2) 实训目标、要求。

(3) 零件的工艺分析。

 实训成绩考评

(1) 学生自检评定。

(2) 指导教师综合评定。

下模实训综合评定表见表 4-2。

表 4-2　下模实训综合评定表

项次	项目与技术要求	配分	评 定 方 法	实测记录	得分
1	工艺流程的制订合理	15	检查评定		
2	准备工作充分	5	检查评定		
3	机床操作符合要求	5	按操作规程评定		
4	测量方法正确、合理	5	操作不符合要求每项扣 1 分		
5	立铣粗加工	5	每错一项扣 1 分,缺一项扣 0.5 分		
6	划线	5	每错一项扣 1 分,缺一项扣 0.5 分		
7	数控加工	15	每错一项扣 2 分,缺一项扣 1 分		
8	钳工加工	10	每错一项扣 2 分,缺一项扣 1 分		
9	制品质量	10	检查评定		
10	工作安排合理、有序	10	检查评定		
11	合作精神	5	检查评定		
12	安全文明生产	10	检查评定		

任务二　挤压模工作电极的设计与制造

 实训技能目标

(1) 通过设计及制作挤压模工作电极,掌握挤压模电极的常用加工方法和制造工艺,熟悉挤压模电极的制造工艺过程及测量、加工技术。

(2) 掌握机床、辅助工装的使用方法和性能。

(3) 熟悉安全文明生产要求。

 实训要求

(1) 辅助工具　游标卡尺、内径千分表、外径千分尺、什锦锉、细砂纸、装夹工具等。

(2) 工件备料　按图样尺寸要求选用电极坯料。材料：石墨。坯料尺寸：50 mm×75 mm×75 mm。

 典型零件的加工工艺分析

在挤压模的制造中,出口带(出口带是在模具工作带之后的工作空腔)的电火花加工是一道十分重要的工序。这一工序不仅要加工出出口带的孔壁,还要加工出对应工作带各部分的

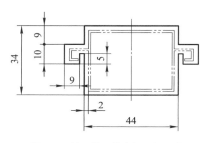

图4-5　挤压模工作电极几何尺寸

不同宽度,以保证工作带的宽度尺寸达到设计要求。这一要求是通过电极端面的不同高度来实现的。一般由模具设计人员在模具设计时给出,工艺人员要在电极设计时把这种尺寸要求反映在电极的端部上。挤压模工作电极几何尺寸与工作带尺寸如图4-5和图4-6所示,工作电极的各部位实际高度尺寸为电极名义尺寸减去工作带尺寸的值,它们的相对关系如图4-7所示。

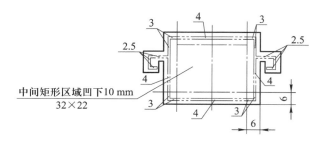

图4-6　挤压模工作电极工作带尺寸

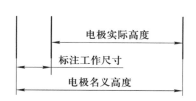

图4-7　工作电极工作带尺寸相对关系

电极设计除了前面(见项目二任务五)提到的要求外,还要注意以下两点：

(1) 要充分考虑电极冲油孔的设计。有些电极加工过程为不通孔加工,电蚀物的排除将直接影响到加工的稳定性和表面质量。电蚀物的排除方法除了利用基础本身的抬刀功能外,还可以利用工作液系统使工作液强迫循环,将电蚀物随同工作液一起从放电间隙中排除。当电极面积较大时,电极上设置的冲油孔的位置应保证电蚀物排除畅通,

冲油孔的直径应为电极平动量的两倍,如果孔太大,则会在型腔底部产生中间柱现象。图 4-8a 表示冲油孔的位置及大小合理的情况,图 4-8b 表示冲油孔过大,产生了中间柱(图 4-8c)。

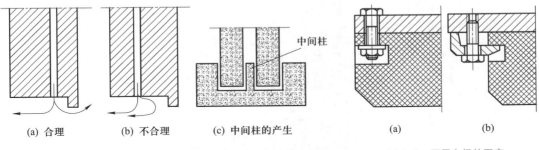

| (a)　合理 | (b)　不合理 | (c)　中间柱的产生 | (a) | (b) |

图 4-8　电极冲油孔的设计　　　　　　　　　图 4-9　石墨电极的固定

(2) 石墨电极的固定可靠。由于石墨性脆,在其上不适合攻螺纹,因此常采用螺栓加压板将电极固定在电极固定板上,如图 4-9 所示。电极固定板必须平整光洁,连接必须牢固可靠,否则将会影响加工质量。

电极的材料可以为纯铜、黄铜和石墨。

一般企业比较倾向于选用石墨电极。这是因为:

① 石墨的密度和质量小。尤其是大型电极,不会对电火花加工机床造成影响。

② 石墨可以承受很高的切削速度,可以减少刀具的磨损。

③ 相对纯铜而言,价格比较低。

④ 石墨容易成形而且不易变形。

⑤ 一般情况下,加工完成后不需要进行抛光处理。

石墨加工时会产生大量的粉尘,不仅污染环境,而且影响人的健康,对机械设备也会产生一定的影响,需要采取防范措施。

> ◉ 做一做、议一议:
>
> 模具中的工作带宽度起什么作用?在电极上如何对应表示?

 实训报告

1. 实训题目

完成电极的设计及加工制作。

图 4-10 所示为某型材的截面图,图 4-11 所示为对应模具的电极几何尺寸图,图 4-12所示为电极对应的工作带尺寸图。

2. 实训报告格式

(1) 封面。

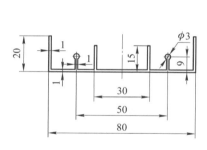

图 4-10 型材截面图

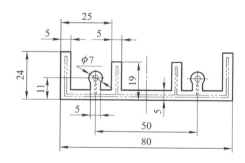

图 4-11 模具的电极几何尺寸图

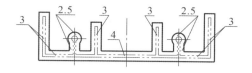

图 4-12 电极对应的工作带尺寸图

(2) 实训目标、要求。

(3) 零件的工艺分析。

 实训成绩考评

(1) 学生自检评定。

(2) 指导教师综合评定。

电极的设计及加工制作实训综合评定表见表 4-3。

表 4-3 电极的设计及加工制作实训综合评定表

项次	项目与技术要求	配分	评 定 方 法	实测记录	得分
1	电极的设计合理	30	检查评定		
2	准备工作充分	5	检查评定		
3	机床操作符合要求	5	按操作规程评定		
4	测量方法正确、合理	5	操作不符合要求每项扣1分		
5	制品质量	30	检查评定		
6	工作安排合理、有序	10	检查评定		
7	合作精神	5	检查评定		
8	安全文明生产	10	检查评定		

项目五
模具装配工艺

任务一　制订冲裁模的装配工艺

实训技能目标

(1) 增进对冲裁模内部构造的了解,培养实践动手能力。

(2) 了解冲裁模零件相互间的装配关系。

(3) 熟悉冲裁模的装配过程。

实训用具

(1) 中等复杂程度的冲裁模一副。

(2) 装配工具一套。主要有内六角扳手、铜棒、平行等高垫块、帽形垫块、球形垫块、钳工工作台、锤子、螺丝刀、润滑油、盛物容器等。

(3) 游标卡尺、千分表、直尺等量具。

装配工艺规程的制订

1. 制订装配工艺规程所需的原始资料

模具装配工艺规程是规定模具或部件装配工艺过程和操作方法的文件,是指导模具或部件装配工作的技术文件,也是进行装配生产计划及技术准备的依据。制订装配工艺规程时,必须依照模具生产的特点和要求。制订装配工艺规程需要下列各种资料:

(1) 模具的总装配图、部件装配图及零件图

模具的结构在很大程度上决定了模具的装配程序和方法。分析总装配图、部件装配图以及零件图,可以深入了解模具结构特点和工作性能,了解模具中各零件的作用和它们相互间的要求。分析装配图还可以发现模具设计和工艺是否合理和可行。

(2) 模具零部件明细栏

模具零部件明细栏中列有零件的名称、件数、材料和外购件的规格、型号及数量等,可以

帮助分析模具结构,同时也是制订装配工艺规程的重要原始资料。

（3）模具验收技术条件

模具验收技术条件是模具质量标准和验收依据,也是制订装配工艺规程的主要依据。为了达到验收技术条件所规定的各项技术要求,还必须对较小的装配单元提出一定的技术要求,才能保证达到整副模具的技术要求。

（4）模具的生产类型

模具的生产类型(如塑料模、冲裁模等)基本上决定了装配生产的组织形式,它在很大程度上决定了产品装配所需要的设备、装配工具和合理的装配方法。

2. 制订装配工艺规程的步骤

掌握了充分的原始资料之后,就可以着手制订装配工艺规程。制订装配工艺规程的一般步骤如下:

（1）分析装配图

了解模具结构特点,确定装配方式。

（2）确定装配顺序

装配顺序基本上是由模具的结构和组织形式决定的,一般总是从零件到部件,从部件到整副模具,从模具的核心部分(包括凸模、凹模、卸料板、固定板等)到模具的其他部分,有秩序地进行装配。

一般冲裁模的上、下模装配次序可按下面的原则来选择:

① 对于无导柱、导套的模具,凸、凹模的间隙是在模具安装到机床上进行调整的,上、下模的装配次序没有严格的要求,可以分别进行装配。

② 对于凹模装在下模座上的导柱模,一般先装下模。

③ 对于导柱复合模,一般先装上模,然后找正下模的位置,按照冲孔凹模型腔加工出漏料孔。这样可以保证上模中的卸料装置与模柄中心对正,并避免漏料孔错位,否则将会出现无法装配的问题。

（3）绘制局部装配图

在重要而又复杂的零部件装配工序中,当不易用文字明确表达时,还需要绘制局部的指导性装配图。

（4）选择工艺装配和装配设备

根据模具的结构特点和生产类型,应尽可能选用与之相应的最先进的装配工具和设备。

（5）确定检测方法

应根据模具的结构特点,尽可能选用与之相适应的先进检测方法。

（6）编写装配工艺文件

装配工艺文件主要是装配工艺卡片,它包括完成装配工艺过程所需要的一切技术资料。

总之,在保证装配质量的前提下,制订的装配工艺规程必须是行之有效而且是最经济的。因此,必须根据实际情况,尽量采用先进技术和精密设备。

 典型冲裁模装配实训

图 5-1 所示为链板倒装式复合冲裁模装配图,采用外购的压入式标准模架。链板倒装式复合冲裁模的明细栏见表 5-1。

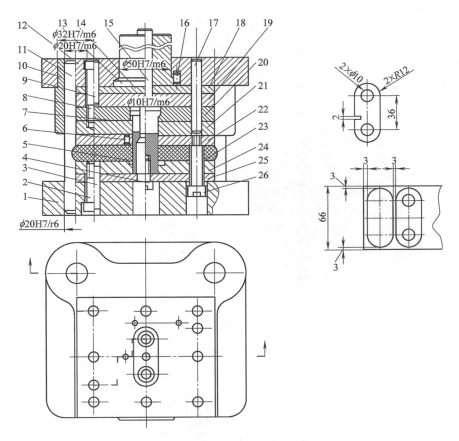

图 5-1 链板倒装式复合冲裁模装配图

表 5-1 链板倒装式复合冲裁模明细栏

序号	名 称	数量	材料	备注	序号	名 称	数量	材料	备注	序号	名 称	数量	材料	备注
26	卸料螺钉	4			22	卸料板	1			18	上模垫板	1		
25	下模垫板	1			21	凹模	1			17	定位销	2		
24	凸凹模固定板	1			20	推块定位板	1			16	防转销	1		
23	橡胶	1			19	凸模固定板	1			15	打杆	1		

序号	名　称	数量	材料	备注	序号	名　称	数量	材料	备注	序号	名　称	数量	材料	备注
14	凸模	2			9	定位销	2			4	螺钉	1		
13	模柄	1			8	螺钉	6			3	定位销	2		
12	上模座	1			7	推块	1			2	螺钉	4		
11	导柱	2			6	导料销	3			1	下模座	1		
10	导套	2			5	凸凹模	1							

链板倒装式复合冲裁模的三维视图、分解视图及主要零件图如图 5-2～图 5-4 所示。

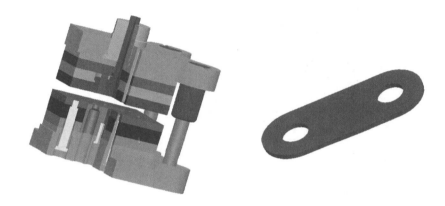

图 5-2　链板倒装式复合冲裁模三维视图

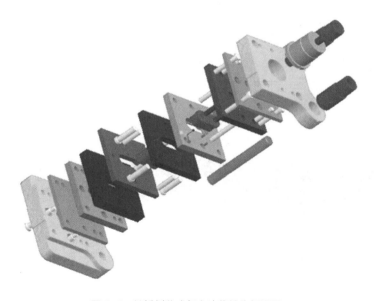

图 5-3　链板倒装式复合冲裁模分解视图

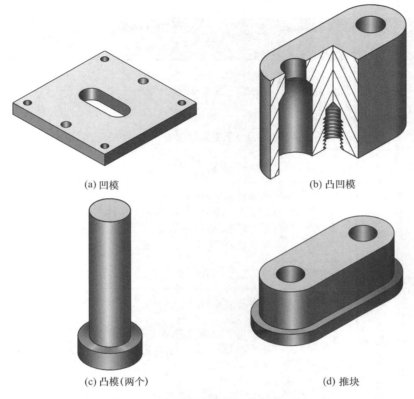

(a) 凹模　　　　　　　　　　　(b) 凸凹模

(c) 凸模(两个)　　　　　　　　(d) 推块

图 5-4　链板倒装式复合冲裁模主要零件图

通过分析,链板倒装式复合冲裁模的装配工艺过程大致可划分为以下几个装配步骤:装配前的准备和检验→装配模架→组装模柄组件→组装冲孔凸模组件→组装凸模组件和上模座→装配上模部分→组装凸凹模组件→装配下模部分→调整装配卸料板。

链板倒装式复合冲裁模的装配工艺过程见表 5-2。

表 5-2　链板倒装式复合冲裁模的装配工艺过程

工序号	工序名称	工 序 内 容	设备及工艺装备
1	准备和检验	按装配图进行零件装配前的检验,将检验情况记录下来	
2	模架的装配	1. 压入导柱　利用压力机将导柱压入下模座。 要求: 在压入过程中,应用千分表在两个互相垂直的方向上不断测量与校正导柱的垂直度。 2. 装导套　将上模座反置套在导柱上,然后套上导套。 要求: (1)用千分表检查导套压配部分内外圆的同轴度。 (2)将其最大偏差放在两导套中心连线的垂直位置。	压力机 千分表 帽形垫块 球形垫块

工序号	工序名称	工 序 内 容	设备及工艺装备
2	模架的装配	3. 压入导套　用帽形垫块放在导套上,将导套压入上模座一部分,然后取走下模座及导柱,将导套全部压入上模座。 4. 检验 要求: (1) 导柱、导套分别压入模座后,要在两个垂直的方向上进行垂直度检测。 (2) 测量模座上表面对底面的平行度	压力机 千分表 帽形垫块 球形垫块
3	组装模柄组件	1. 在压力机上将模柄压入上模座。 2. 钻防转销孔并装入防转销。 3. 将模柄端面与上模座的底面磨平。 4. 检查模柄与上模座的垂直度。 要求: 模柄与上模座的配合为 H7/m6	压力机 钻床 磨床 千分表
4	组装冲孔凸模组件	1. 采用压入法将冲孔凸模压装在凸模固定板上,磨平底面并保证其垂直度。 2. 为了保证刃口锋利,应精磨冲孔凸模的工作端面。 3. 通过上模垫板已加工好的螺钉孔和定位销孔,在凸模固定板上配作螺钉通孔和定位销孔。 要求: 凸模与凸模固定板一般采用过渡配合 H7/m6 或 H7/n6	压力机 钻床 磨床 千分表
5	组装凸模组件和上模座	1. 用平行夹头将凸模固定板与上模座夹紧,找正位置后配钻定位销孔。 2. 将上模座、上模垫板和凸模固定板定位	平行夹头 钻床 扳手
6	装配上模部分	1. 将落料凹模、推块、推块定位板一并套在冲孔凸模上。 2. 找好各自的位置之后,用平行夹头将上模座、上模垫板、凸模固定板、推块定位板和凹模夹紧,配作螺孔和定位销孔。 3. 对上模部分紧固定位	平行夹头 钻床 扳手
7	组装凸凹模组件	1. 采用压入法将凸凹模压装在凸凹模固定板上,磨平底面并保证其垂直度。 2. 为了保证刃口锋利,应精磨凸凹模的工作端面。 3. 用螺钉将凸凹模紧固于下模垫板上。 要求: 凸模与凸模固定板一般采用过渡配合 H7/m6 或 H7/n6	压力机 平行夹头 磨床 扳手
8	装配下模部分	以装配好的上模部分的冲孔凸模和落料凹模为基准,找正凸凹模的位置,保证三者间隙均匀后,用平行夹头与下模座夹紧,配作螺孔、定位销孔,然后对下模部分进行紧固和定位	平行夹头 钻床 扳手
9	装配调整卸料板	将卸料板套装在凸凹模上,调整好与凸凹模之间的间隙,压印配作 4×M8 的螺孔,垫入橡胶,旋转螺钉,调整卸料力和卸料板的位置	扳手 钻床

职业素养提升

工 匠 精 神

众所周知,瑞士的钟表工艺全球领先。之所以领先,不仅是因为他们的先进技术,更是因为他们的"工匠精神"。所谓"工匠精神",就是对产品精雕细琢、精益求精,坚持专业和卓越。

5年前,因工作原因,我到瑞士当地一家机械表的机芯厂参观。厂里许多模具都是当地工匠自主研发的,每套模具的价值约为3万到10万瑞士法郎。机芯工厂拥有超过10万套模具,这在无形中形成了一道长长的"技术护城河"。

一块顶级机械表,里面包含几百个零件,最小的细如毫发。一位瑞士顶级表匠全心投入,一年只能制造出一只。瑞士制表工匠们对每一个零件、每一道工序、每一块手表都精心打磨、专心雕琢,他们用心制造产品的态度就是工匠精神。

"工匠精神"需要从业者不忘初心、精益求精地做好自己的工作,只有将工作作为一种追求,经过努力,才有可能达到极致。

 实训报告

> 👁 **做一做、议一议：**
>
> 在工艺上如何保证凸凹模的间隙的大小及均匀性? 一般用什么方法检查?

1. 装配图

完成单工序落料模的装配。其三维视图、分解视图和主要零件图如图 5-5～图 5-7 所示。

图 5-5 单工序落料模三维视图

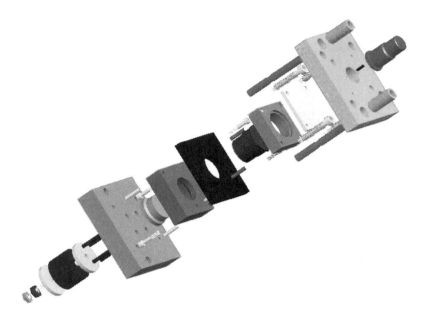

图 5-6 单工序落料模分解视图

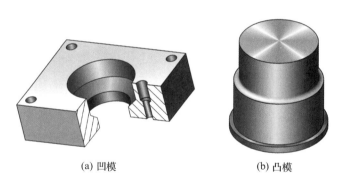

(a) 凹模   (b) 凸模

图 5-7 单工序落料模主要零件图

2. 实训记录表

装配时测绘模具零件主要采用游标卡尺、千分表与直尺等普通测量工具,测量结果远不及采用专门测量工具时精确,加之工具的使用者使用方法难免不够完善,由此产生的测量误差相应较大,因此需要对测量结果按技术资料上的理论数据进行必要的"圆整"。"圆整"后的数据能较好地反映模具结构的实际情况。将"圆整"后的数据填入冲压模具零件配合关系测量表(表 5-3)中。

3. 实训报告要求

(1) 正确填写模具零件配合关系测量表,分析模具各零件的相互关系。

(2) 分析所装配模具的工作原理及各零件的作用。

(3) 简述模具装配过程,编写模具装配工艺过程卡。

表 5-3　冲压模具零件配合关系测量表　　　　　　　单位：mm

序号	相关配合零件	配合松紧程度	配合要求	配合尺寸测量值	配合尺寸圆整值
1	凸模与凹模		凸模实体小于凹模洞口		
2	凸模与凸模固定板		H7/m6 或 H7/n6		
3	上模座与模柄		H7/r6 或 H7/s6		
4	上模座与导套		H7/r6 或 H7/s6		
5	下模座与导柱		H7/r6 或 H7/s6		
6	导柱与导套		H6/h5 或 H7/h6		
7	卸料板与凸模		卸料板孔大于凸模实体 0.2～0.6 mm		
8	销与待定位模板		H7/m6 或 H7/n6		

 实训成绩考评

（1）学生自检评定。

（2）指导教师综合评定。

冲裁模装配实训综合评定表见表 5-4。

表 5-4　冲裁模装配实训综合评定表

项次	项目与技术要求	配分	评定方法	实测记录	得分
1	准备工作充分	5	检查评定		
2	原理分析正确	10	分析不正确每处扣 1 分		
3	装配工艺编制正确	20	每错一项扣 1 分,缺一项扣 1.5 分		

项次	项目与技术要求	配分	评 定 方 法	实测记录	得分
4	装配过程中操作符合要求	15	操作不符合要求每处扣 1.5 分		
5	装配过程中测量方法正确,尺寸控制合理	8	操作不符合要求每处扣 1 分		
6	精修、研磨组件端面	10	每错一项扣 1 分,缺一项扣 2 分		
7	钳工划线	5	每错一项扣 1 分,缺一项扣 1.5 分		
8	钻孔及攻螺纹	5	每错一项扣 1 分		
9	装配质量	10	每错一项扣 1.5 分		
10	时间安排合理	6	每超 1 h 扣 1 分		
11	安全文明生产	6	违者每次扣 2 分		

任务二　冲裁模的试模与调整

冲裁模的试模

1. 试模的目的

模具装配好后,必须在生产条件下进行试模,在试模过程中去发现模具在设计与制造过程的各种缺陷。通过认真的分析和精心的调整,然后再进行试模,直至冲出合格的制件后,方能交予用户使用,整个模具的设计与制造工作才告结束。

冲裁模试模的目的包括以下方面。

(1) 鉴定模具的质量

冲裁模试模的首要目的是鉴定模具质量,验证模具所生产的制件质量是否符合要求,确定模具能否交付使用。

(2) 确定产品的成形条件和工艺规程

冲裁模通过试冲与调整,可以进一步掌握和了解模具的使用性能及制件的成形条件、方法和规律,为制订制件的批量生产工艺规程提供帮助。

(3) 确定成形零件的毛坯形状、尺寸及用料标准

对于形状复杂或精度要求较高的冲压成形零件,有时难以在设计时精确计算出变形前毛坯的形状和具体尺寸。为了得到较为准确的用料标准,必须通过反复试冲来确定。

(4) 确定具体工艺及模具设计中的部分尺寸

对于形状相对复杂或精度要求较高的冲压成形零件,在进行工艺设计和模具设计过程中,有时难以用计算的方法确定模具尺寸,必须经过试冲过程确定。

(5) 发现问题、解决问题,积累经验

通过试模,可以及时发现模具中存在的问题。在问题的解决过程,可以进一步积累经验,提高模具的设计与制造水平。

(6) 验证模具质量和精度,作为交付生产的依据

通过试模,可以验证模具的质量和精度,并将试模结果作为模具交付生产的依据。

2. 试模的内容

(1) 将装配好的冲裁模安装在压力机上。

(2) 用指定的坯料冲压出产品。

(3) 检查所冲产品的质量,发现缺陷后,及时对模具进行修整,然后再试冲,直至生产出合格的产品为止。

(4) 排除影响生产、安全、质量和操作的各种不利因素。

(5) 根据设计要求,进一步确定并修整需经试验后决定的尺寸,直到符合要求为止。

(6) 试冲合格后,编制产品的生产工艺规程。

3. 试模的技术要求

(1) 冲裁模装配后,需经过外观检验和空载检验后,才能够进行试模。

(2) 试冲材料需经质量部门检验合格,尽量不要采用其他材质或规格的材料代用。

(3) 试冲设备的吨位及精度等级必须符合图样规定的工艺要求。

(4) 试冲时,根据使用部门的要求确定试冲数量。通常,小型模具的试冲数量不少于50件,硅钢片不少于200件,自动冲模的连续冲压时间不少于3 min。

(5) 冲件的断面光亮带应分布均匀,不允许有夹层、局部脱落或裂纹现象;冲件的毛刺不得超过规定的数值,尺寸公差及表面质量应符合图样要求。

(6) 冲裁模经调试后,确定能够顺利地安装在指定型号的压力机上;能够稳定地冲压出合格的产品;能够安全地进行操作使用后,就可以入库保存或交付使用了。入库的冷冲压模具要附带检验合格证及试冲出来的冲件。当冲件数量无规定时,一般应为3~10件。

4. 试模过程中应注意的问题

(1) 冲裁模试模前,需检查无误,导柱、导套等活动配合部位应提前进行润滑。

(2) 模具应安装在指定设备上试冲,不可松动。

(3) 试冲时,使用的材料性质、牌号、厚度及条料宽度应符合图样规定。试冲连续模时,条料的宽度要比导板间的距离小0.1~0.15 mm。

(4) 冲压工艺参数稳定后,应提取一定数量的试冲样件交付模具制造和使用部门进行全面检验。若发现缺陷,应对模具进行修整,然后重新试模,直到得到合格的制品为止。

(5) 双方确认试件合格后,由模具制造方开具合格证,连同试件及模具一起交付使用部

门,作为交付模具的依据。

冲裁模的调整

冲裁模装配的调整要求见表 5-5。

表 5-5　冲裁模装配的调整要求

调整项目	调整内容
刃口位置与冲裁间隙调整	1. 凸模、凹模的形状和尺寸必须与制件的形状和尺寸吻合。 2. 冲裁时,凸模、凹模刃口的工作高度一定要与制件厚度相适应。 3. 凸模、凹模的冲裁间隙一定要准确均匀。对于有导向机构的模具,导向系统必须定位准确,运动灵活平稳;对于无导向机构的模具,必须在压力机上安装时认真调试
定位部分调整	1. 修边和冲孔模具坯料定位部分形状和尺寸必须与坯料的形状和尺寸吻合。 2. 保证定位销、定位块、导料板等的位置精确,调整时,必须根据制件和坯料的形状、尺寸以及位置精度进行调整
卸料部分调整	1. 卸料板(推件器)的形状必须与制件形状相吻合。 2. 卸料板与凸模之间的间隙不能太小或太大,运动必须灵活平稳。 3. 卸(推)料弹簧的弹力必须足够大而且均匀。 4. 卸料板(推件器)的行程不能太大或太小。 5. 凹模型孔不能有倒锥。 6. 漏料孔(出料槽)在卸(推)料过程中应畅通无阻

任务三　制订注射模的装配工艺

实训技能目标

(1) 增进对注射模内部构造的了解,培养实践动手能力。

(2) 了解注射模零件相互间的装配关系。

(3) 熟悉注射模的装配过程。

微视频
注射模的装配

实训用具

(1) 中等复杂的注射模一副。

(2) 装配工具一套,主要有内六角扳手、铜棒、平行等高垫块、帽形垫块、球形垫块、钳工工作台、锤子、螺丝刀、润滑油、盛物容器等。

(3) 游标卡尺、千分表、直尺等量具。

注射模装配工艺

注射模装配次序没有严格要求,一般先将要淬硬的主要零件作为基准,将其全部加工完毕后(包括热处理),分别加工与其有关联的其他零件,再加工定模和固定板的四导孔,然后在与滑块、导轨、型芯等零件组合下,加工斜导孔,接着安装好顶杆和顶板,最后将动模座、垫块、垫板、固定板等一起总装起来。

 侧抽芯塑料注射模装配

图 5-8 所示为侧抽芯塑料注射模装配图。侧抽芯塑料注射模明细栏见表 5-6。

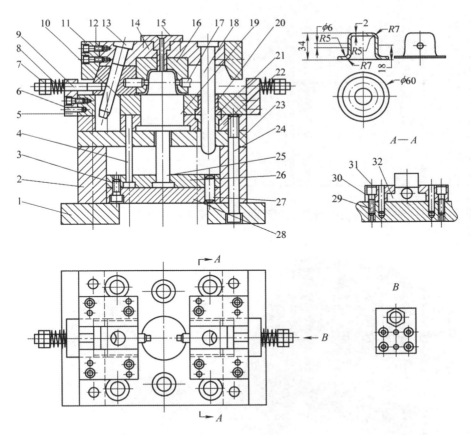

图 5-8 侧抽芯塑料注射模装配图

表 5-6　侧抽芯塑料注射模明细栏

序号	名称	数量	材料	备注	序号	名称	数量	材料	备注
32	滑块	2			16	型腔	1		
31	定位销	8			15	浇口套	1		
30	导滑块	4			14	定模板	1		
29	螺钉	8			13	斜导柱	2		
28	推板	1			12	螺钉	8		
27	定位销	2			11	楔紧块	2		
26	推杆固定板	1			10	推件板	1		
25	导柱	2			9	双头螺柱	2		
24	螺钉	4			8	弹簧	2		
23	垫板	1			7	螺母	4		
22	型芯固定板	1			6	定位销	4		
21	导套	4			5	限位块	2		
20	导套	4			4	推杆	4		
19	型芯	1			3	螺钉	4		
18	导柱	4			2	垫块	2		
17	侧型芯	2			1	动模座板	2		

　　侧抽芯塑料注射模的三维视图、分解视图及主要零件图如图 5-9～图 5-11 所示。

图 5-9　侧抽芯塑料注射模三维视图

图 5-10　侧抽芯塑料注射模分解视图

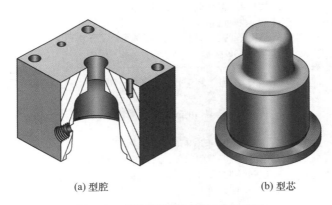

(a) 型腔　　　　　　　　　　　　　　(b) 型芯

图 5-11　侧抽芯塑料注射模主要零件图

通过分析,侧抽芯塑料注射模的装配工艺过程大致可划分为以下几个装配步骤:

装配前的准备和检验→组装型芯组件→组装定模组件→组装浇口套→组装侧型芯→组装侧抽芯机构→装配推件机构→组装动模部分。

侧抽芯塑料注射模的装配工艺过程见表 5-7。

表 5-7　侧抽芯塑料注射模的装配工艺过程

工序号	工序名称	工　序　内　容	工艺装备
1	准备和检验	按装配图进行零件装配前的检验,并记录检验情况	
2	组装型芯组件	1. 压入型芯　在压力机上将型芯压装在型芯固定板上,将型芯固定板底面与型芯端面磨平。 2. 压入导套　在压力机上将导套压装在型芯固定板上。 要求: 保证型芯与型芯固定板的垂直度	压力机 千分表 帽形垫块 球形垫块

工序号	工序名称	工　序　内　容	工艺装备
3	组装定模组件	1. 压入型腔　按要求将型腔压装在定模座上并对其进行定位和紧固,保证型腔与定模座下表面的垂直度。 2. 压入导柱　利用压力机将导柱压入定模座。 要求: 在压入过程中,应用千分表在两个互相垂直的方向上不断测量与校正导柱的垂直度。 3. 压入斜导柱。 4. 将导柱、斜导柱与定模座上表面一起磨平	压力机 千分表
4	组装浇口套	装配浇口套　将浇口套压装入定模座上的浇口套内,使浇口套和定模板孔的定位台阶接合紧密,钻螺纹孔并对其进行紧固	压力机 钻床
5	组装侧型芯	1. 压入导套　将导套压装在推件板上。 2. 调整主型芯和型腔之间的间隙　以导向机构定位,调整好主型芯与型腔之间的间隙。 3. 装配侧型芯　以型腔侧型芯孔定位,压印加工滑块上的侧型芯孔,装配侧型芯	压力机 钻床
6	组装侧抽芯机构	1. 组装导轨　将部分加工好的导轨(销孔不钻)安装在推件板上。 2. 调整　以侧型芯定位,调整使滑块在导轨内灵活、平稳滑动,然后配钻销孔。 3. 压入销定位,用螺钉把导轨紧固在推件板上。 4. 安装楔形块　以滑块斜面为基准,修配安装楔形块。 5. 以斜导柱为基准,在滑块上配钻斜导孔,调试滑块行程,保证侧向抽芯位置准确、运动平稳。 6. 安装限位块　将限位块安装在推件板上,把限位块与推件板下平面磨平。 7. 修磨并装弹性侧抽芯机构　按要求的滑块抽芯的最大行程修磨限位块,并装配弹性侧抽芯机构,防止在分型和开模过程中产生干涉	压力机 钻床 磨床
7	装配推件机构	1. 压装导套　将导套压装在垫板上。 2. 压装导柱　将导柱压装在推杆固定板上,保证其垂直度合格。 3. 压装推杆　将推杆压装在推杆固定板上,保证其垂直度合格。将推杆固定板、导柱和推杆端面与推杆固定板底面一起磨平。 4. 装配调整推出机构　将所有的推杆装入垫板和型芯固定板的配合孔中,保证推杆工作端面高于型面 $0.05\sim0.10$ mm,当其运动的灵活性、平稳性合格后,盖上推板,将推板与推杆固定板用平行夹头紧固,配作紧固螺钉孔,最后用螺钉紧固	压力机 钻床 千分表
8	组装动模部分	把动模座、垫块、垫板和型芯固定板一起组装,并调整好位置,根据推杆的长度修磨垫块的高度,然后用螺钉一起固定起来	磨床 钻床

 职业素养提升

一 颗 螺 钉

"飞机的安装环节要求非常严格。假如需要安装6个螺孔,那么技师就只能拿到6颗螺钉。如果掉了一颗螺钉,必须立即找出来。"海里派克直升机责任有限公司首席执行官说。

海里派克直升机上使用的螺钉并非人们日常生活中使用的螺钉,而是行业有关部门认证和许可生产的螺钉,价格是普通螺钉的10倍以上。

首席执行官解释说,在飞机制造行业,工程人员需要非常严谨。如果一颗螺钉不小心丢了,特别是关键部位的螺钉,很可能为将来埋下严重的安全隐患。

一枚小小的螺钉,折射出了制造业传承的"工匠精神"。

 实训报告

做一做、议一议:

塑料模具装配基准的选择是保证模具装配质量的关键环节。一般有以型腔为基准和以动、定模板互相垂直的相邻侧面为基准的两种定位方法。说说这两种定位方法的操作过程。

1. 装配图

完成方形盒二次分型塑料注射模的装配。其装配图如图5-12所示,明细栏见表5-8。

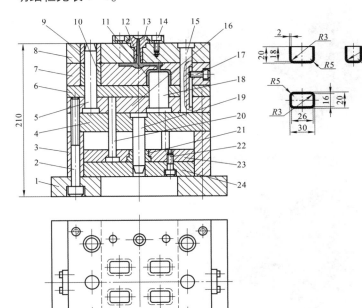

图 5-12　方形盒二次分型塑料注射模装配图

表 5-8　方形盒二次分型塑料注射模明细栏

序号	名称	数量	材料	备注	序号	名称	数量	材料	备注
24	推板	1			12	浇口套定位板	4		
23	推杆固定板	1			11	制件	4		
22	螺钉	4			10	导套	4		
21	导套	2			9	导套	4		
20	推杆	4			8	定模座板	1		
19	导柱	2			7	型腔	1		
18	型芯	4			6	推件板	1		
17	定距螺钉	2			5	导柱	4		
16	型芯定位板	1			4	垫板	1		
15	定距拉杆	2			3	垫块	2		
14	螺钉	3			2	螺钉	4		
13	浇口套	1			1	动模座板	2		

方形盒二次分型塑料注射模的三维视图、分解视图及主要零件图如图 5-13~图 5-15 所示。

图 5-13　方形盒二次分型塑料注射模三维视图

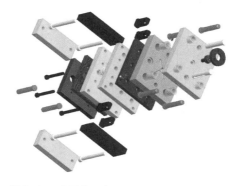

图 5-14　方形盒二次分型塑料注射模分解视图

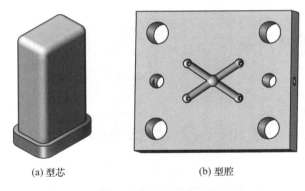

(a) 型芯　　　　　　　　　　(b) 型腔

图 5-15　方形盒二次分型塑料注射模主要零件图

2. 实训记录表

注射模装配时与冲裁模装配时一样,由于条件的限制,也要进行必要的"圆整"。"圆整"后的数据能较好地反映模具结构的实际情况。将"圆整"后的数据填入塑料注射模零件配合关系测量表(表 5-9)中。

表 5-9　塑料注射模零件配合关系测量表　　　　　　　单位:mm

序号	相关配合零件	配合松紧程度	配合要求	配合尺寸测量值	配合尺寸圆整值
1	导柱与导向孔		H7/f7 或 H8/f8		
2	导柱与导柱固定板		H7/m6		
3	导柱与导套		H7/f6		
4	推杆与推杆配合孔		H8/f6		
5	浇口套与定模座板		H7/m6		
6	推件板与型芯或凸模		H7/f7		
7	推件板与导柱		H7/f7		

3. 实训报告要求

(1) 正确填写模具零件配合关系测量表,分析模具各零件的相互关系。

(2) 分析所装配模具的工作原理及各零件的作用。

(3) 简述模具装配过程。

实训成绩考评

(1) 学生自检评定。

(2) 指导教师综合评定。

方形盒二次分型注射模实训综合评定表见表 5-10。

表 5-10 方形盒二次分型塑料注射模实训综合评定表

项次	项目与技术要求	配分	评 定 方 法	实测记录	得分
1	准备工作充分	5	检查评定		
2	原理分析正确	10	分析不正确每处扣 1 分		
3	装配工艺编制正确	20	每错一项扣 1 分,缺一项扣 1.5 分		
4	装配过程中操作符合要求	15	操作不符合要求每处扣 1.5 分		
5	装配过程中测量方法正确,尺寸控制合理	8	操作不符合要求每处扣 1 分		
6	精修、研磨组件端面	10	每错一项扣 1 分,缺一项扣 2 分		
7	钳工划线	5	每错一项扣 1 分,缺一项扣 1.5 分		
8	钻孔及攻螺纹	5	每错一项扣 1 分		
9	装配质量	10	每错一项扣 1.5 分		
10	时间安排合理	6	每超 1 h 扣 1 分		
11	安全文明生产	6	违者每次扣 2 分		

任务四　注射模的安装与调整

 注射模的安装

注射模具的安装指将模具从制造地点运至注射机所在地,并安装在指定注射机上的全过程。注射模具安装时,要遵循两个原则,一是要注意操作者的安全。二是要确保模具和设备在调试中不被损坏。在注射模具安装时,要将注射机按钮选择在调整位置上,使机器的全部功能置于调试手动控制之下。在安装注射模具时,要关闭电源,避免发生意外事故。

1. 注射模具的吊装

注射模具的吊装可根据现场实际条件确定。体积较大的模具多从注射机上方直接吊入注射机内,体积稍小的模具可从注射机侧面装入机内。

模具吊装时,尽量采用整体吊装的方法。如果受起重设备吨位的限制,也可以对模具进行分体吊装。

(1) 模具的安装方向

① 当注射模具设有向侧面滑动的结构时,应尽量使其运动方向保持水平;当模具滑块只能向下或向上开启时,必须在模具上设置有效的保护或安全复位装置。

② 当注射模具的长度与宽度尺寸相差较大时,应尽可能使较长边保持水平。

③ 当模具带有液压油路接头、气压接头、热流道元件接线板时,应尽可能使其设置在非操作侧面,以方便操作。

(2) 模具的吊装方法

吊装时,一般将注射模具从设备上方吊进设备的拉杆与模板之间。如果注射模具水平方向的尺寸大于拉杆水平间距,可采用将模具从设备拉杆侧面滑进的方法,如图 5-16 所示。

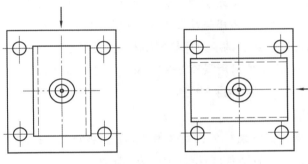

图 5-16　注射模具的安装

当模具的厚度小于拉杆水平有效间距时,可将注射模具长方向平行于拉杆轴线方向吊入拉杆之间,再旋转 90°,使注射模具定位环与设备定位孔相吻合。注意,采用此方法时,要求注射模具短方向的尺寸必须小于拉杆垂直方向的有效间距,如图 5-17 所示。

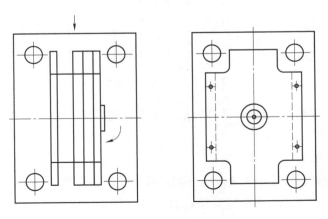

图 5-17　大模具的安装

（3）模具的整体吊装

模具整体吊入注射机拉杆与模板之间后,调整方位,使其定位圈进入注射机固定模板的定位孔内。慢速闭合注射机移动模板,在用压板或螺钉压紧模具定模部分后,初步固定模具的动模部分。此后,慢速微量开启注射机,移动模板 3～5 次,检查在设备开启过程中模具是否平稳灵活,有无卡滞现象,最后,用压板或螺钉压紧模具的动模部分。

（4）注射模具的分体吊装

先将模具的定模部分吊入注射机拉杆与模板之间,定位找正,使定位圈进入注射机固定模板的中心孔内,用压板或螺钉压紧模具的定模部分。将模具动模部分吊入注射机拉杆与模板之间,通过导柱将模具动模部分与定模部分对正并闭合模具,慢速微量开启注射机,移动模板 3～5 次,检查设备开闭过程中模具平稳及灵活性。最后,用压板或螺钉压紧模具的动模部分。

（5）中小型注射模具的安装

中小型注射模具安装前,应首先清理模板平面及模具安装面上的油污与杂物。在将木板垫在机床两根下拉杆上之后,将模具从侧面送入机架内。在将模具定模圈装入机床定位孔后,慢速闭合模具,压紧模具。调节机床锁模机构,保证注射机具有足够的开模力和锁模力。调节机床顶出装置,确保顶出后具有 5～10 mm 间隙。最后,慢速开闭模具,确保模具顶出机构动作平稳、灵活,复位机构协调可靠。

2. 注射模具的固定

模具的定模部分安装在注射机的固定模板上,动模部分安装在注射机的移动模板上。模具在注射机上的固定形式有两种,包括采用压板固定和用螺钉直接固定的方法。

图 5-18 所示为采用压板固定的方式,这种方式安装方便灵活,应用广泛。

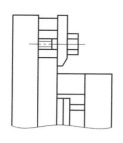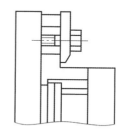

图 5-18 用压板固定模具

当使用螺钉直接固定模具时,模具底板上固定孔或豁口的位置必须与注射机模板上的安装螺孔吻合,否则无法固定。

（1）紧固件的数量

中小型注射模具通常采用 4 块压板分别压紧模具的动模部分和定模部分,较大的注射模具可分别采用 6 块或 8 块压板压紧模具的动模部分和定模部分。压板的布置要尽量对称,受力要均匀。大型注射模具紧固时,需在模具下方增加支撑压板。特大型注射模具需采用适量的螺钉直接紧固在注射机的模板上。

（2）紧固螺钉的种类

注射模具的紧固螺钉通常选用普通六角螺钉或内六角螺钉,其规格由注射机模板孔尺寸决定。使用六角螺钉安装方便,但要求压脚处具有足够的空间。在压紧空间受限制的情况下,可采用内六角螺钉压紧。

（3）压紧的形式

压板垫块的高度必须等于或略大于模具动模或定模座板的厚度。长期使用的压板厚度可以制作成 25～40 mm,长度和宽度尺寸可根据实际确定。大型或超大型注射模具紧固时,下方应采用支撑压板结构。试模单位必须常备支撑压板,压板上的螺钉孔可开成长孔,以备模具尺寸变化时调整距离之用。

3. 注射模安装的注意问题

注射模在注射机上安装应注意的问题如下:

（1）在注射机上安装模具时,必须调整好注射模具与注射机合模装置之间的尺寸和位置关系。

（2）模具在注射机上的安装要求。

（3）注射机模座及间距和模具闭合高度的关系。

在选择注射机时,模具的闭合高度必须满足以下条件:

$$H_{\min} \leqslant H_{\mathrm{m}} \leqslant H_{\max}$$

式中：$H_{\min}$——注射机允许的最小模具闭合高度;

　　　H_{m}——模具实际闭合高度;

　　　$H_{\max}$——注射机允许的最大模具闭合高度。

 注射模具试模

1. 注射模具调试的内容

注射模具装配完成后,通过在指定注射机上试模,可以验证模塑出的制品是否符合设计标准和质量要求。此外,通过试模,还可以确定制品注射成型时的最佳工艺参数,验证模具的可生产性,确保制品能够在最佳工艺参数范围内成型。

试模前,首先要根据注射机和制品材料的性质确定最佳工艺条件,保证物料塑化良好。然后,在确定的工艺条件下,使物料顺利进入型腔并充填饱满,经过保压、冷却和顶出等环节,生产出合格的塑料制品。

试模是技术管理、生产管理、经营管理的基础,为制品成型生产的全过程提供原始数据,是塑料制品厂的重要生产环节。模具调试人员必须具备注射设备、原料性能、工艺方法及模具结构等方面的知识和丰富的实践经验,能够及时发现并处理模具调试过程中出现的问题。

2. 注射模具的调试过程

(1) 试模操作方式

注射机的操作一般有手动、半自动、全自动三种方式。试模时,一般采用手动方式,以便于有关工艺参数的控制和调整。一旦出现问题,可立即停止工作。

(2) 压力、时间、温度调整

试模时,原则上选择低压、低温、较长时间条件下注射成型,然后按压力、时间、温度的先后顺序进行调整。在试模过程中,首先调节压力,只有当调节压力无效时,才考虑调节时间。延长时间的实质是延长物料的受热时间,提高物料的塑化效果。如果依然无效,最后再考虑提高温度。由于物料温度达到新的平衡需要经过大约 15 min,所以必须耐心等待。模具试模的周期较长,待一切正常后,可测定成型周期的时间。有时,可采用半自动或全自动操作方式预测制品的成型周期。

(3) 模温调节及冷却系统

模温调节对制品质量和成型周期影响较大。试模时,应根据所加工的塑料材料及加工工艺条件合理地进行调节。在保证充模和制品质量的前提下,应选取较低的模具温度,以便缩短成型周期、提高生产率。冷却系统用于控制模具温度、料筒及螺杆温度及注射机液压系统的工作油温。通过调节冷却系统的流量,可以达到控制温度的目的。

(4) 模具维修

工艺条件稳定后,应根据所得注射制品的形状、尺寸、外观确定模具的修理方案并进行修模,直到制品达到用户的使用要求。

在模具的使用过程中,会产生正常磨损或不正常损坏的现象。此时,应根据模具的具体情况选择更换零件、铜焊或镶嵌修复等方法进行修补。使用中的模具应经常进行维修和检查,确保其在良好的状态下进行成型生产。

(5) 再次调试

模具试模后,针对出现的问题进行维修和调整后,不一定能够解决所有的问题,有时需要重复几次,直到制品达到最终的质量要求。

(6) 结束工作

模具调试结束后,应将料筒内的熔料排尽,按要求顺序切断设备上的电源,关闭冷却水源,将操作面板上的按钮复位。在设备电源切断前,将模具拆下并清洗干净,涂上防锈油,然后分别入库或进行返修。

参考文献

[1] 秦涵.模具制造技术[M].北京：机械工业出版社,2016.

[2] 张荣清.模具设计与制造[M].北京：高等教育出版社,2018.

[3] 程方启.塑料成型工艺与模具设计[M].北京：高等教育出版社,2021.

[4] 秦涵.模具概论[M].北京：机械工业出版社,2014.

[5] 刘朝福.模具制造实用手册[M].北京：化学工业出版社,2012.

[6] 刘静安,等.铝合金挤压工模具设计[M].北京：冶金工业出版社,2009.

[7] 洪慎章,等.实用热锻模设计与制造[M].北京：机械工业出版社,2011.

[8] 宫宪惠.模具安装调试与维修[M].北京：人民邮电出版社,2009.